种子生产综合实训

王海萍　王　娟　主编

中国农业大学出版社
·北京·

内容简介

本教材以种子生产过程为主线，完全按照农时季节和生产内容安排教学活动。全书分为基本技能、水稻、玉米、油菜、小麦五个单元，设计了43项技能训练项目。每个技能训练项目强调可操作性，内容包括训练目标、训练材料与用具、训练内容、作业及相关理论依据等。本教材可以独立设置为一门实训课程讲授和训练，也可以作为专业理论教材的辅助实训教材。由于各地差异和实践教学条件不同，在使用时可因地制宜地选择项目。

图书在版编目(CIP)数据

种子生产综合实训/王海萍，王娟主编. —北京：中国农业大学出版社，2019.9
ISBN 978-7-5655-2272-7

Ⅰ.①种… Ⅱ.①王… ②王… Ⅲ.①作物育种-教材 Ⅳ.①S33

中国版本图书馆CIP数据核字(2019)第189969号

书　名　种子生产综合实训
作　者　王海萍　王　娟　主编

策划编辑　张　玉　　　责任编辑　张　玉
封面设计　郑　川
出版发行　中国农业大学出版社
社　址　北京市海淀区学清路甲38号　　　邮政编码　100083
电　话　发行部 010-62733489,1190　　　读者服务部 010-62732336
　　　　编辑部 010-62732617,2618　　　出　版　部 010-62733440
网　址　http://press.cau.edu.cn　　　**E-mail** cbsszs@cau.edu.cn
经　销　新华书店
印　刷　北京鑫丰华彩印有限公司
版　次　2019年10月第1版　2019年10月第1次印刷
规　格　787×1 092　16开本　11.25印张　270千字
定　价　35.00元

编写人员

主　编　王海萍　王　娟

副主编　张　薇　周广成　董　静

编　者（按照姓名汉语拼音排序）

陈　亮　湖北生物科技职业学院

陈艳军　武汉市农业学校

邓　萌　湖北省种子集团有限公司

董　静　湖北省农业科学院粮食作物研究所

付云海　武汉双螺旋生物科技有限公司

姬胜玫　湖北生物科技职业学院

李银水　中国农业科学院油料作物研究所

廖雪琴　武汉市新洲高级中学

龙戌平　宣恩县中等职业技术学校

瞿宏杰　襄阳职业技术学院

阮长海　咸宁职业技术学院

王海萍　湖北生物科技职业学院

王　娟　湖北生物科技职业学院

杨辉德　黄冈职业技术学院

张　薇　湖北生物科技职业学院

周广成　湖北省种子集团有限公司

前 言

种子生产综合实训，是种子生产与经营专业教学过程中必不可少的主要环节，也是培养职教人才的主要手段。本教材以现代学徒制试点项目为依托，结合企业的典型工作任务，以核心岗位技能培养为核心，以技能训练为单位，独立安排实践内容，将种子生产的关键技术与理论有机结合起来，便于不同地区的教师根据本校实际组装教学。以技能训练为单位，可有效引导学生通过动手操作掌握技能要点，既能独立应用，又能分工合作，直接与生产管理接轨，把掌握的技能应用于生产管理实践当中，同时也可满足相关行业和岗位对人才的需求。

教材以种子生产过程为主线，按照农时季节和生产内容安排教学活动。全书分为基本技能、水稻、玉米、油菜、小麦五个单元。每个技能训练项目包括训练目标、训练材料与用具、训练内容、作业及相关理论依据等。内容既可独立作为实训课程教材，又可作为专业理论教材的辅助教材。由于各地差异和实践教学条件不同，在使用时可因地制宜地选择项目。

本教材由中高职院校骨干教师及企事业单位专家共同编撰完成。第一单元由王娟、王海萍负责编写，周广成、董静负责校核；第二单元技能训练 2-1 至 2-4 由王娟负责编写，技能训练 2-5、2-6、2-7 由付云海负责编写，技能训练 2-8、2-10 由阮长海负责编写，技能训练 2-9 由邓萌负责编写，王娟负责本单元校核；第三单元技能训练 3-1 至 3-4、3-7 由周广成负责编写，技能训练 3-5、3-6、3-9 由王海萍负责编写，技能训练 3-8 由龙戌平负责编写，技能训练 3-10 由陈艳军负责编写，王海萍负责本单元校核；第四单元技能训练 4-1 至 4-4 由张薇负责编写，技能训练 4-5、4-6 由杨辉德负责编写，技能训练 4-7、4-8、4-10 由李银水负责编写，技能训练 4-9 由姬胜玫负责编写，张薇负责本单元校核；第五单元技能训练 5-1 至 5-6 由董静负责编写，技能训练 5-7 由廖雪芹负责编写，技能训练 5-8 由瞿宏杰负责编写，技能训练 5-9 由陈亮负责编写，董静负责本单元校核。全书由王海萍统稿。

本教材在编写过程中不仅总结了多所农业院校骨干教师的先进经验，更听取了企业和科研院所一线专家的意见和建议，广泛参阅、引用了许多单位及专家学者的著作、论文及教材，在此一并致以诚挚的感谢！

限于编者水平有限，加之编写时间仓促，教材中疏漏之处在所难免，欢迎广大读者批评指正，以便我们在今后修订、补充和完善。

编　者

2019 年 4 月

目 录

第一单元　基本技能

技能训练 1-1　作物生产计划的拟订

一、训练目标

清楚生产计划应包括的内容，掌握合理的生产计划编制方法。通过参与公司种子生产的准备工作，能够制订较为合理的农作物种子生产计划，为将来指导种子生产奠定基础。

二、训练材料与用具

近年制订的种子生产计划及近年所有与生产有关的数据。

三、相关理论依据

（一）生产计划内容

在符合种植原则的前提下，编制生产计划应包括以下内容：

（1）生产任务和目标　作物种类、品种名称、种植面积、产量要求、质量要求。

（2）生产基地及人员　涉及承包合同的基地应提前完成合同签订工作，确保种植面积，安排管理责任人及生产责任人，并明确各责任人在生产中的义务和责任。

（3）种植制度　前后茬之间的衔接等，留足备耕的整地时间。

（4）所需农业生产资料　本季生产用到的种子、农药、肥料、农具、农膜等农业生产资料的大概规格与数量。

（5）田间管理方案　一般包括从种到收的全过程，主要有：

①整地：整地时间、质量要求、农机具类型及规格等。

②播种：播种时间、播种量、播种机械、株行距。

③肥水管理：施肥时期、肥料名称、肥料用量、施用方法、排灌安排。

④病虫草害防治：主要预防对象、可能发生的时期、农药名称、喷施器具等。

⑤中耕管理：中耕除草、培土作业的时间与次数，植株管理的大概次数与时间，调节剂使

用等。

⑥收获:预计收获的时间、收获机械与人工安排。

⑦质量保证:测产与检测。

生产计划的制订能适应环境因素的变化。生产计划的制订需要参与生产工作的各部门相互协调完成。

(二)生产计划的表现形式

一般可分为三种:

①条文式:把生产计划分成若干部分,通过文字叙述的方式逐一阐明。

②表格式。

③文字表格兼有式。

(三)书写格式

一般由三部分组成,即标题、正文和结尾。

(1)计划的名称、内容、单位和执行计划的有效期 如“湖北生物科技职业学院种子生产与技术专业2014年玉米制种田生产计划”。

(2)正文 由前言、主题和末尾三部分组成。

①前言。写明生产计划的制定依据和总体目标任务(开展什么工作、解决什么问题、达到什么效果等)。

②主体。写明计划期内应完成的具体任务和达到的具体目标。

③末尾。讲清楚完成任务需要做的具体工作,如何做,分几个步骤完成,时间要求及分工等。

(3)结尾 写明计划人和日期。

四、训练内容

①分析实际生产计划案例。以往年某生产计划为案例,分析生产计划编写的形式、内容和优缺点;

②设定生产项目并制定生产计划。根据基地实际情况,拟订本次实训的生产计划。

五、作业

以小组为单位完成一份当年某作物生产计划。

技能训练1-2 常用农具的识别及使用

一、训练目标

认识农业生产中常用的农具,了解其结构和功能,必要时掌握其使用方法,并在农业生产中能正确操作。

二、训练材料与用具

实训基地所有手工农具(锹、镐、耙、大小锄头、镰刀),现代农业机械(拖拉机、播种机、收割机、脱粒机、水泵、打药机、喷灌设备、旋耕机、起垄机、脱粒机、犁等)。

三、训练内容

农业生产常用手工工具种类很多,不同地区有一定差别。学会使用以下几种常见手工及机械农具。

①到农机具库房现场识别;
②讲解农机具具体的规格及工作原理;
③观看农机具的使用操作视频;
④在生产实训中进行农机具使用的实操训练,并学会简单的维修维护。

四、作业

熟练操作各种农机具,会按生产项目的要求选择合适的农机具。

技能训练 1-3 常用农业生产资料的识别

一、训练目标

了解常用农业生产资料类型;掌握不同作物所需农业生产资料种类、数量;能对市场上所售农业生产资料的优劣进行初步鉴别;能正确地购买并科学存放。

二、训练材料与用具

实训基地及周边农资商店各种农药、肥料、种子、种子包衣剂、植物生长调节剂等。

三、训练内容

(一)种子

杂交种子、常规种子、块根块茎。
①外表形态特征;
②纯度和净度鉴别、含水量鉴别。

(二)农药

杀虫剂、杀菌剂、除草剂、植物生长调节剂、种衣剂等。
①从包装上看,必须贴有标签或附有使用说明书,并注明农药名称、三证(农药登记证号、

农药批准文号、农药生产许可证号)、生产企业名称、地址以及有效成分、含量、质量、产品性能、毒性、用途、使用要求、使用方法、生产日期、有效期、注意事项等。上述内容残缺或不完整,可能是假农药。

②登陆中国农药信息网,查询农药产品信息,查农药登记证号。

③从外观上判断。粉剂和可湿性粉剂应该比较干燥,如果已经结块或用手捏成团可能是受潮的劣质农药。乳油一般应该是清亮的油状液体,如果瓶内出现水、油分离或有沉淀物则可认为是已变质失效的农药。水剂应该是清亮的水溶液,如瓶内浑浊不清、有絮状物或有沉淀出现,也可认为是劣质产品。粉剂加水观察一般应该是颗粒幼小的粉状物,加少量水后可调成糊状,静置10～20 min,如果很快沉淀,说明粉粒太粗,品质不太好;可湿性粉剂,1 g 加水 100 mL,如药剂不能稳定地悬浮在水中,则为劣质产品。乳油 1 mL 加水 100 mL 搅动,即可出现乳白色牛奶状,静置 30 min,如液面漂油,下层出现沉淀则为劣质产品。以上是一些简单鉴别方法,除此以外,尽量从有信誉的正式渠道来准备农药,产品品质有保障。

(三)肥料

复合肥、BB 肥、N 肥、P 肥、K 肥及微量元素肥料等水溶肥、有机肥、生物菌肥等。肥料品种多,不同地区差别较大,因此应结合地区实际选用适宜的肥料种类。选用肥料时要注意品名、产地、有效成分含量等。化肥不能结块,包装物应完好、无破损,包装符合国家肥料包装要求。

(四)种子包衣剂

根据种子生产需要,选用合适的种子包衣剂。

(五)植物生长调节剂

根据种子生产需要,选择适合的植物生长调节剂。

四、作业

识别现场肥料、农药类型,说明简单的鉴别方法。

技能训练 1-4　农田土壤耕作及质量检查

一、训练目标

能够结合基地实际情况选择适宜的耕作器具,确定正确的宜耕时间,并运用正确方法检查土壤耕作质量。

二、训练材料与用具

拖拉机、配套农机具、直尺。

三、训练内容

(一)耕作技术

1. 翻耕

翻耕是用农机具将土垡铲起、松碎并翻转的一种耕作方法,应用最为广泛。

①主要工具。壁犁和圆盘犁。

②翻耕深度。综合考虑作物种类、土壤条件、气候和季节等因素。一般旱地翻耕深度20～25 cm,水田15～20 cm较为适宜。一般14～18 cm为浅翻,20～22 cm为普通深度,22 cm以上为深翻。

③翻耕时期。因当地气候、熟制和作物生育期而异,一般分为秋耕、冬耕、春耕和伏耕。南方深耕多在秋、冬季进行,利用干耕晒垡、冬季冻裂。北方一年一熟或两熟地区,常以夏季作物收获后伏耕为主,秋季作物收获后和秋播作物播种前以秋耕为主。水田、低洼地、秋收晚或因水分多未能及时秋耕的可以进行春耕,但春耕宜早,以利保蓄水分,春耕因为离春播近,熟化时间短,以浅翻为宜。适于土壤翻耕的时期一般以土壤田间持水量的40%～60%为宜。

2. 旋耕

利用旋耕机一次完成耕耙平压等作业。旋耕深度一般较浅,旱地12～16 cm,水田14～18 cm,南方水田常用旋耕机。具有方便、效率高的特点,但也容易破坏土壤结构,长期使用旋耕会使耕层变浅。多次旋耕后应适当进行一次深松或深翻。

3. 耙地

翻耕后利用各种耙平整土地表土的耕作措施。一般采用圆盘耙、钉齿耙等机具在翻耕后、播种前或出苗前、幼苗期进行,深度一般为4～10 cm。

4. 镇压

翻耕或耕地之后利用镇压器适当压实土壤表层的措施。对于黏质土壤和种子小的作物应播种前镇压;轻质土壤和种子大而出土能力强的作物应在播种后镇压。

5. 中耕

作物生育期间在株行间进行的表土耕作。常采用手锄、齿耙和各种耕耘器等工具。由于作物种类、苗情、杂草和土壤状况不同,中耕的时间和次数也不同。生育期长、杂草多、结构性差的土壤应增加中耕次数。作物苗期中耕应浅,避免伤根,生育中期中耕应加深,生育后期作物封行前浅耕破板结。

(二)耕作质量检查

1. 深度检查

在犁耕进行中检查耕深。每班次检查2～3次,每次要在不同地点测量5～6个点,检查应注意避免在机车转弯等特殊部位取点。具体方法是将直尺平放在耕过的土壤表面,作为测量基准,用钢板尺插入土中直至犁底层,测量其深度。

2. 整齐度检查

目测全田耕整状态是否一致。

3. 重耕和漏耕检查

注意查看每两个相邻行程的接合情况，如接合处有凸起表明有重耕；如有低洼表明有漏耕。若只有个别地方有凸起或低洼说明是操作不当造成的。

4. 地头地边耕作情况检查

观察农机具起落线是否一致，有无剩边剩角。农机具只有按起落线作业，并有精确的行走路线，才能改善和提高地头地边的耕作质量。

若出现以上不良的整地情况，尽快联系实施人重新补耕。

四、训练步骤

①根据当地气候特点、土壤类型、作物类型和生产要求确定合理的土壤耕作技术。

②填写表 1-4-1 土壤耕作质量检查记录表，完成对土壤耕作质量的总评。

表 1-4-1　土壤耕作质量检查记录表

地块：________耕作面积：________检查日期：________农机具型号：________

翻耕日期：________翻耕方法：________田间状况：________

土壤耕作质量指标	耕深/cm	整齐度	重耕和漏耕情况	地头地边耕作情况
检查结果				

第二单元　水　　稻

技能训练 2-1　播前准备、土壤耕整(秧田、大田)

一、训练目标

熟悉水稻播种前的物质和田间准备工作,掌握秧田和本田的耕整方法和要求。

二、训练材料与用具

拖拉机、配套农机具、播种机、肥料、农药、盆、桶、秤等。

三、训练内容

稻田耕整,是稻田耕作的基础操作管理,是通过对稻田土壤、杂草、水的人工管控,从而为水稻生产创造适宜的温、光、水、气、肥等环境条件。

高产水稻田对稻田的要求很高,一是要有适宜的耕深,耕作层肥厚松软、质地适中(不砂不黏)、通气性好。过深,易生浮泥,产生漂秧,秧苗立根困难、迟发、不良,且不利于机械操作;过浅,秧苗扎根困难,根层过浅,易早衰、倒伏。二是要含有一定的有机质,丰富的有机质能提升土壤的保水、保肥、调气功能,同时能起到调节土壤供肥种类、时间、效率和水平的作用。同时,富含有机质的土壤中大量的有益微生物菌群(固氮菌、硝化细菌、氨化细菌等)也能显著地改善土壤理化结构。良好的稻田土壤关键的理化数据要求见表 2-1-1:

表 2-1-1　稻田土壤理化数据表

理化指标	要求	理化指标	要求
耕层深度	20 cm	阳离子代换量	≥20 mg/100 g 土
有机质含量	2%～4%	盐基饱和度	60%～80%
全氮含量	0.13%～0.23%	pH	6～7.5
全磷含量	≥0.1%(13～70 mg/kg)	生化作用	强
全钾含量	≥1.5%	日渗漏量	10 mm/d

(一)播种前材料的准备

将播种前所需材料准备齐全。

(二)播前检查

农机具的安装与检查、田间水分、杂草情况检查。

(三)稻田耕整

1. 稻田选择

秧田应选排灌方便、土质松软、杂草少、无病源。早中稻秧田要求避风向阳，肥力较高；晚稻秧田要求通风凉爽，肥力中等即可。

高产水稻要求大田土壤有较深厚的耕作层和较好的蓄水、保肥、供肥能力。通过耕翻、施基肥、耙耖、平整等过程，创造一个深松平软，水、肥、气、热状况良好的土层，为水稻活棵后早发创造条件。稻田耕整遵循田间平整，土壤松软，土肥相融，无杂草残茬，无大土块，利于插秧和插秧后早生快发的原则。

2. 耕整要求

稻田整地总的要求：旱耕水整、上糊下松、沟深面平、肥足草净、软硬适中。

一“深”：耕作深度一般在 20 cm 左右，依田土性质、水稻熟季、栽培方式有所区别。

二“匀”：要求深浅一致、土块大小一致。

三“净”：田间无杂草残茬，或充分腐熟。

四“细”：土壤细碎松软，便于土肥相融，肥料快速为土壤吸附、同化。

五“平”：稻田平整，同一田块高低差不过 3 cm，便于后期田间水层的统一管理。

依田块类型不同耕整方式如下：

(1)冬闲田　水稻秋收后，于立冬前后深翻埋茬、泡水落干，冬季冻融后，立春后有条件再翻耕一次。播种、插秧前 10～15 d 结合耕翻除草、施肥，播前上水耙田、整平、开沟作畦用作秧田。

(2)冬肥田　冬季绿肥田待春分至清明期间(早稻)或者播前 15～20 d(中稻)深耕埋苗，泡水沤肥，待充分腐熟后下施底肥、耙匀整平、开沟作畦(秧田)。一般在绿肥作物盛花期翻耕效果好。过早，肥料转化率低；过迟，茎秆纤维化致不易腐熟。

(3)冬作田　冬小麦、冬油菜田在冬作物抢收后，深耕埋茬，泡水沤田，待充分腐熟后清除残茬、下施底肥、耙匀整平，开沟作畦备插(播)。

3. 不同栽培方式(用途)的整地配套措施要求比较

(1)秧田与大田　秧田耕整要求前茬充分腐熟、杂草除净，田间要整细、整平，要开沟作畦，保持“沟里有水、畦面无水”备播。有绿肥的田块，在播种前半个月完成绿肥翻压，以免因绿肥腐熟影响种子萌发。大田无须开沟作畦，对田间平整的要求较秧田要低些，整好后灌水 3～5 cm 水层待插秧(手插、机插有别)。

(2)手插田与机插田　机插大田由于苗小，对整田质量要求更高，一是较之手播田更为平整。二是机插大田要便于机械下田，耕作层不易过深，一般耕深 10～15 cm。三是机插大田插中小苗，田间灌水不要过深，控制水层 1～3 cm 为宜。

(3)插秧田与抛秧田　抛秧栽培对大田的选择及整地质量的要求较高，必须精耕细作，尤其是小、中苗抛栽要求更高。整田的质量要达到平、浅、烂、净的标准，即田面要整平，高低差应控制在 2 cm 以内；水要浅，以现泥水为宜；泥要烂，土壤糊烂有浮泥，使抛栽的秧苗根系能均匀地落入泥浆中；田面应无残茬、无僵垡等杂物。

(4)其他育秧方式整田要求

①旱育秧。按秧田：大田＝1：20，选择旱地或菜园地为苗床田。冬前耕翻、耙匀、整平，干耕整、干施肥，在翻耕时全层下施腐熟农家肥。苗床土要达到“肥、松、细、软、厚”的标准，手捏成团，泥不粘手，落地即散。旱育秧建床高度依各地雨水多少而有别，雨水多建高床，雨水少建平床，干旱区建低床。播前 7～10 d，施复合肥（忌碱性肥料）和壮秧剂（调酸，水稻幼苗适宜于 pH 4.5～5.5 条件下生长），施后三次翻挖 10 cm 厚床土至混匀。播前做好立枯、青枯病的药剂预防。

②塑盘育秧。也分旱育与水育两种。区别是旱育秧苗根系发达、苗高易控、耐寒力强、不易串根、易早发快发，但花工费力；水育秧苗易活苗、成秧率高、花工少，但易串根、不易控苗。以水育为例，宜选排灌方便、土质肥沃、田面平整、杂草较少的田块，结合 10 cm 旋耕，全层下施腐熟农家肥、复合肥作底肥。播前 2 d 耙匀、整平、开沟、作畦。畦面泥浆浮烂时上覆塑盘，选用沟泥、塘泥或营养土，制成半流体状泥浆，浇装盘孔，后刷去盘面疙瘩土块，等盘孔泥浆沉实后备播。不同地方、不同选土可适当进行调酸处理。

③工厂化育秧。原理同塑盘育秧，管理要求趋同。很多育秧工厂配备有自动播种流水线，可保证每个穴盘的基质用量、覆土厚度、播种量及浇水量一致，出苗更整齐一致。

四、作业

利用各种农机具对水稻秧田和本田进行耕整。如无条件可观看教学视频。

技能训练 2-2 播种

一、训练目标

了解水稻播种前种子处理方法，能根据本地实际情况、水稻熟制、水稻品种确定适宜的播种期、正确的播种量，采取合适的播种方式及正确选择肥料种类及用量。

二、训练材料与用具

水稻种子、肥料、播种机、种衣剂、农药、盆、桶、锹、耙、皮尺、线绳、秤等。

三、训练内容

(一)播前种子准备

1. 晒种

播前晒种可以提高种子发芽率和发芽势，保证种子出苗快，出苗一致，同时也可杀死种子表面的病菌降低病害发生概率。具体方法：选晴好天气晒种 2 d 左右，将种子铺在垫有柴草的苫布或塑料布上，摊成 3～5 cm 薄层，并经常翻动以确保种子晾晒均匀。如果直接铺晒在水泥地面一定要多翻几次，以免中午地面高温烫伤种子影响发芽率。

2. 精选

精选是为了清除青秕空粒、病粒、虫粒、杂草籽及其他杂物，选出成熟饱满的种子，使发芽率提高且出苗整齐（如购买的种子已在加工车间经过精选，可省略此步）。

①机械清选。最常用的清选机械有空气筛、带式扬场机等，还有一些复式精选机可同时进行种子清选和精选。

②风选法。在无机械设备的情况下，如果稻种数量不多，可以选用风车或风扬，虽可选出一些秕粒，但效果不及机选。

③盐水选种。将种子浸入适宜浓度的盐水或清水，饱满种子下沉，将其捞出清洗，再浸种或晒干备用。盐水选种时，盐水浓度因稻种不同而变化，无芒品种选种液的相对密度为 1.11～1.13，每 50 kg 水加盐 10～11.5 kg，有芒品种选种液的相对密度为 1.08 左右，即每 50 kg 水加盐 8 kg 左右。待盐粒充分溶解后，用比重计测量溶液浓度，如符合选种需要，便可将水稻种子倒入溶液中。选种液要浸过种子 15～20 cm，然后进行搅拌，把漂在上面的杂物捞出，再把下面饱满的种子立即捞出后用清水将盐水洗净，否则会影响稻种发芽。如种子数量较多，不能一次完成清洗，要随时加盐调节溶液密度。

④泥水选种。用 50 kg 水加 11.5～15 kg 黄土搅拌成泥浆，然后倒入水稻种子，捞出上浮的杂物，再用清水洗净附在饱满种子上的泥浆即可。

3. 浸种消毒

浸种准备工作应在播前 10～20 d 开始，通常结合消毒进行。浸种使种子吸足水分，促使种子顺利发芽，一般种子吸水达到种子自重 25％时就可缓慢萌发，但不整齐，吸水达到自重 40％时（饱和吸水量）顺利发芽。吸足水分的谷壳呈半透明状，胚部膨大突起（露白），腹白和胚清晰可见，胚乳变软，手碾成粉，折断米粒无响声，米心不显白色。如果谷壳仍为白色而谷粒坚实，说明浸种未透，如果谷壳黄色加深而显有光泽，说明浸水过久。水稻浸种标准见表 2-2-1。

表 2-2-1 水稻浸种标准表

水稻类型	浸种温度/℃	浸种时间/h	浸种天数/d
早稻	10	70	3～4
中稻	20	60	3
晚稻	35	25	2

浸种时水温为 10～15℃，时间 5～6 d，5～6 h 搅拌 1 次，浸种需要经常换水，最好是流水浸种。为防止水稻病害，也可在浸种时加入药剂，将浸种与消毒同时完成。

①1％石灰水浸种消毒。按照 50 kg 水加入 0.5 kg 生石灰的比例将生石灰溶入清水中，配制成 1％石灰水，搅匀后滤去杂质。将稻种放入石灰水内，以液面高出种子 15～20 cm 为宜。在浸种过程中不要搅动，以免破坏石灰水表面结膜而影响杀菌效果。一般外界气温为 15～20℃时，浸种 3～4 d，外界气温在 25℃左右，浸种 1～2 d。浸种后用清水将种子洗净。可预防水稻胡麻斑病、水稻恶苗病及稻瘟病。

②40％福尔马林 500 倍液浸种消毒。先将种子用清水浸泡 1～2 d，以种子吸足水分而未

露白为宜，取出后稍晾干，放入 40%福尔马林 500 倍液中浸泡 2 d，捞出种子后用清水洗净。可预防稻瘟病、稻恶苗病、水稻胡麻斑病、稻曲病等。

此外还可以用 50%多菌灵、50%甲基托布津或 50%福美双 500 倍液浸稻种 2 d 来预防水稻恶苗病、稻瘟病、水稻胡麻斑病、水稻幼苗立枯病等；用 40%强氯精 200 倍液将种子用清水浸泡 12 h，再放入药液中浸泡 12 h 来预防水稻细菌性条斑病、水稻白叶枯病。

4. 催芽

催芽是人为创造适宜的水、气、热条件，促使稻种集中、整齐发芽的过程。催芽可在温室或育苗大棚内进行，催芽都要经过高温破胸、适温催根、保湿催芽、摊凉锻炼四个阶段。破胸适宜的温度为 30～32℃，当 70%种子破时，要降温到 25℃催芽，当芽长 2 mm 时，放在 15℃左右的环境炼芽 6 h 以上再播种。

催芽标准：芽和根的长短是根据温度和要求而定的，温度高根芽短，温度低根芽长。早稻一般芽长半粒谷，根长半粒谷；中稻芽长半粒谷，根长一粒谷；晚稻为破胸露白。

催芽要求：快，2～3 d 内催好芽；齐，发芽率 90%以上；匀，芽长整齐一致；壮，芽色白，无异味，根芽比适当。

催芽操作：

①高温破胸。把浸好的种子捞出，放入 50℃左右的温水中预热 5～10 min，起水沥后立即包好种子，覆盖保温，温度控制在 35～38℃。包裹保温材料可选用麻袋、稻草等容易获取的材料，其作用是保温、保湿且透气，切不可用塑料布、尼龙袋等透气性差的物料包裹，否则容易造成种子呼吸缺氧，使种子酒精中毒死亡。为保持谷堆上下内外温度一致，必要时需进行翻拌，促进稻种破胸整齐迅速，一般 12～24 h 即可露白破胸。破前不用多淋水，防止水分过多造成无氧呼吸导致发酵。

②适温催根。种子露白后呼吸加剧，热量大，容易烧芽，因此露白后要及时翻堆散热，并淋 30～35℃的温水，将温度控制在 25～30℃，维持 12 h 左右即可催出标准根。

③保湿催芽。齐根齐芽阶段。根据“干长根、湿长芽”的原理，适当淋温水，保持谷堆湿润，促进幼芽生长，降低谷堆厚度散热，保持 25℃左右的种温，注意散热，将大堆改小，厚堆改薄。

④摊晾锻炼。为适应播种后田间自然温度，当根芽长到催芽的要求长度后，一般在自然温度下室内摊薄炼芽 1 d 左右，达到内湿外干就可播种。如遇低温、下雨等不良天气，可进一步摊薄，继续炼苗并洒水保湿，防止根芽干枯，待天气转好后播种。

(二)播种

1. 播种期的确定

播种期确定的原则：播种期通常要考虑气候条件、品种、前后茬、人工等因素，从有利于出苗、分蘖、安全孕穗和安全齐穗为出发点，做到适时播种。根据发芽出苗的最低温度，当日平均气温稳定通过 10℃及 12℃时，分别为作为粳稻与籼稻的早播播种临界期；将日平均气温 15℃（分蘖发生的温度）以上作为安全移栽临界期，移栽温度过低，易致返青迟，死苗僵苗；水稻安全孕穗特别是花粉母细胞减数分裂时粳稻不低于 20℃，籼稻不低于 22℃。表 2-2-2 是长江中下游地区的水稻适宜播种期。

表 2-2-2 长江中下游地区水稻播种期

水稻类型		播种期
早稻	冬闲田、绿肥田	3 月下旬至 4 月上旬
	三熟田	4 月上、中旬
一季中晚稻		4—5 月
连作晚稻		6 月
早稻翻秋		7 月上中旬

播种过晚将影响水稻的安全齐穗。以武汉为例，水稻安全抽穗期见表 2-2-3。

表 2-2-3 水稻安全抽穗期

地区	安全齐穗期		
	籼型杂交稻	籼稻	粳稻
武汉	9 月 10 日	9 月 15 日	9 月 20 日

2. 播种量

适宜播种量既要保证秧苗移栽在苗床上不会因受光不足而影响个体发育，同时要结合考虑品种的分蘖成穗特性、千粒重、单位面积大田穗数要求。“稀落谷”是培育壮秧的基本经验。

一般秧龄短的中小苗播种量可稍大，秧龄长的大苗须减少播种量；温度高少播，温度低可适当多播；旱育秧比湿润育秧播种量大；杂交稻比常规稻用种量要少。一般常规稻每亩秧田播 40～70 kg，杂交稻每亩播 10～25 kg，在此经验范围内早稻播量＞中稻播量＞晚稻播量。播量时要分厢定量播种，确保种子播匀。不同情况下水稻播种量见表 2-2-4。

表 2-2-4 水稻秧田播种量

品　种	秧田播种量	
	每公顷播种量/kg	每亩播种量/kg
常规早稻	600～900	40～60
杂交早稻	375	25
常规中、晚稻	450～600	30～40
杂交中稻	150	10
杂交晚稻	≤187.5	≤12.5

注：1 亩≈667 m^2。

常规稻旱育秧 5 叶移栽的秧苗，苗床播量一般 80～120 kg/亩，秧大田比为 1：(30～40)；6 叶移栽的秧苗，播量一般在 60～90 kg/亩，秧大田比为 1：(20～30)；杂交稻品种则更应适度减少播量，增大秧田面积。

机插根据机器不同，选择 7 或 9 寸秧盘。常规稻 100 g/盘为宜，杂交稻种子千粒重 26～28 g 的品种，每盘播干种 70～80 g，千粒重≤25 g 的品种，每盘 50～60 g。

若采用塑盘旱育抛秧每亩大田约需备足秧盘 60 个左右，营养土 100 kg，种芽谷 8 kg。旱育秧或湿润软盘育秧时，每亩可用 434 孔软盘约 50 个。

3. 播种技术

当昼夜平均温差稳定在5～6℃内时即可进行水稻苗床播种。播种时注意分畦定量，播种均匀，播后塌谷，有条件时可在塌谷后用细肥土、砻糠灰等物覆盖，也可不盖。早稻播种一般需要搭建小拱棚覆膜育秧。

工厂化育机插秧时，当种子出芽整齐后即可将穴盘移至塑料大棚或立体苗架上育秧。

4. 秧田用肥

秧田施用45%复合肥40 kg。秧苗2叶1心时每亩追尿素5 kg，移栽前3 d再追施尿素5 kg。

四、作业

1. 每小组完成一袋水稻种子的浸种催芽，根据催芽质量评定；
2. 每小组进行水稻播种训练。

技能训练2-3　育苗技术、秧田管理技术及移栽技术

一、训练目标

学会判断秧苗素质，识别秧龄并进行秧苗问题诊断。掌握播种后秧田水肥管理技术及成苗后的移栽技术。

二、训练材料与用具

作物种子、秧苗、肥料、农药、薄膜、竹弓、穴盘、桶、锹、耙、皮尺、线绳等。

三、训练内容

(一)壮秧的标准

1. 秧苗类型

秧苗按其叶片数量可分为三类：小苗＜3片叶，中苗3～4.5片叶，大苗4.5～6.5片叶。

2. 壮秧标准

叶宽苗健，扁蒲根白，生长整齐，无病无虫，秧龄适当。

(二)秧龄的识别

秧龄可以用秧田生长天数、叶龄和积温三种方法表示，其中叶龄法能较准确反映水稻的生理年龄。

确定适宜秧龄要遵循以下原则：①生育期短的品种秧龄宜短；②早稻秧龄宜短，晚稻宜长；③高温季节育秧或播种密度大，秧龄宜短。具体见表2-3-1。

表 2-3-1 不同水稻品种秧龄差别

长江中下游		秧龄/d
早稻	早　熟	25 左右
	中迟熟	30 左右
	三熟田	30～40
中稻		30 左右
晚稻		35～45

(三)秧田管理

1. 露地湿润育秧的秧田管理

(1)芽期　从播种到第一片完全叶完全展开。秧苗耐低温能力较弱,供氧好坏是影响扎根立苗的关键。播后秧板只需保持土壤充分湿润;如出现霜冻、大风、暴雨等特殊天气,应暂时灌水护芽,风雨过后再排水晒芽。

(2)幼苗期　自 1 叶展开到 3 叶期。此时秧苗通气组织尚未健全,根系生长所需氧气主要依靠空气直接供应,故要采取露田与浅灌相结合的管水方法,2 叶期前露田为主,2 叶期后浅灌为主。3 叶期幼苗由异养转为自养,要及早补充断奶肥,应提早到 1 叶 1 心期施用为宜,及时补充氮源。断奶肥每亩 3～5 kg 尿素。

(3)成苗期　指 3 叶期以后到移栽。此时秧苗体内通气组织已发育健全。3 叶期后,稀播大秧应采用浅水灌,而不宜时灌时排,平衡根叶生长,防秧根下扎,拔秧困难。移栽前施起身肥。

2. 薄膜保温育秧的秧田管理

(1)密封期　从播种到 2 叶 1 心。要密封保温,创造高温高湿环境,促使芽谷迅速扎根立苗。膜内适宜温度 30～35℃。密封期在沟中灌水,水不上秧板。

(2)炼苗期　从 2 叶 1 心到 3 叶 1 心。这一时期膜内适宜温度为 25～30℃,逐日扩大通风面积,逐日延长通风时间,使秧苗逐渐适应外界自然条件,不可一开始就全面揭开,更忌中午高温时揭开。炼苗期,可两头先开,再加两侧,依天气变化随时覆膜调整。

(3)揭膜期　3 叶期以后,若气温稳定在 15℃以上即可揭膜。揭膜前应先灌水,揭膜后按湿润育秧的方法进行田间管理。

3. 旱育秧的苗床管理

播种后覆盖营养土,施用除草剂,覆膜,浇足底墒水。

(1)及时揭膜补水　一般情况下,水稻播种后 5～7 d 便可齐苗,如果天气晴朗,膜外温度较高,播后 3～5 d 也可现青,此时应及时揭膜。

(2)加强水分管理　秧苗 3 叶期,对水分最敏感,必须注意及时补水;4 叶期后是培育旱壮秧的关键时期,即使中午叶片出现萎蔫也无须补水,但如发现叶片有“卷筒”状时,可在傍晚喷 1 次透水。

(3)因苗适量追肥　一般在秧苗 2 叶 1 心至 3 叶期时,结合补水泼浇 1%～2%尿素液。3 叶 1 心以后,保持苗床湿润,每长 1 叶叶面追施 1 次肥。

(四)移栽

常规早稻早插(5月初以前),每亩插20万～25万株,迟插(5月10号后插),每亩插30万～40万株;常规晚稻,一般亩插30万～35万株;常规中稻亩插12万～15万株。杂交早稻亩插6万～8万株;杂交中稻亩插5万～6万株,杂交晚稻亩插10万株左右。

1. 移栽基本苗

丰产栽培适宜穗数为15万～35万穗/亩。如以"增穗"途径增产,密度1.8万～2万穴/亩;以"增粒"途径增产,密度1万～1.2万穴/亩;以"穗粒兼顾"途径增产,密度1.3万～1.5万穴/亩。

2. 手栽秧的移栽技术

最传统的栽秧方法,适宜各种育秧方式的秧苗栽插,此法拔秧时植伤大,要注意拔秧和栽插质量:不栽隔夜秧,宜浑水栽秧,栽插应浅(不宜超过3 cm)、直(不歪不倒)、匀(行株距规格均匀,每穴苗数均匀,栽插深度均匀)、稳(不产生浮秧),栽后适当保持深水,减少叶面蒸腾。具体操作步骤如下:

(1)适时早栽　适时早栽可以争取足够的大田营养生长期,利于早熟优质高产。特别在多熟制地区更应强调。一般长江中下游地区的早稻应在4月底5月初栽;后季稻在7月底8月初栽;单季中晚稻在5月底至6月20日栽插。

(2)适当浅栽　栽插深度对栽插质量影响很大,栽插深度以控制在3 cm以内为好。浅栽秧苗因地温较高、通气较好,易早发快长,形成大穗。如栽插过深,分蘖节处于通气不良、营养状况差、温度低的不利条件下,返青分蘖推迟,同时还会使土中本来不该伸长的节间伸长,形成"二段根"和"三段根"。低位分蘖因深栽而休眠,削弱了稻株的分蘖能力,穗数得不到保证,穗小粒少,不利于水稻高产。

(3)确定基本苗　栽插的基本苗数主要依据该品种的适宜穗数、秧苗规格和大田有效分蘖期长短等因素确定。主要通过适宜的行株距配置和每穴苗数来实现。一般应掌握"以田定产、以产定苗"的原则。常规中、晚粳稻一般要求行距达到26～30 cm,株距12～14 cm,密度一般控制在每亩2.2万～2.5万穴,每穴栽3～4苗。

(4)减轻植伤　要尽量使秧苗根系不受或少受植伤,秧苗要栽直、栽匀、栽牢;同时应确保栽植密度。注意不栽"顺风秧""秤钩秧"、超龄秧、隔夜秧,做到不漂秧,不倒秧。

3. 抛秧技术

(1)确定适宜的抛秧期　乳苗可在1.5叶抛栽,小苗可在3.5叶左右抛栽,中苗可在4.5叶抛栽,大苗可在5～6叶甚至7～8叶抛栽,生产上以中、小苗抛秧为好。具体抛秧期的确定,还应考虑温度因素,一般水温16(粳稻)～18℃(籼稻)为进入抛秧适期的温度指标。

(2)起秧运秧　塑盘育秧的起秧即把秧盘提起;旱育秧的起秧即把秧苗拔起。旱育秧要在起秧前1 d浇水湿润。要实行起秧、运秧、抛秧连续作业,运到田间要遮阳防晒,以免引起植伤,影响秧苗发棵。

(3)抛秧　根据"以田定产、以产定苗"的原则确定基本茎蘖苗数,如采用盘育方式,还应采取"定苗定盘"。具体的抛秧方式有机械抛秧和人工抛秧。如采用人工抛秧,则宜采取分次抛秧法,即在田埂上或下田到人行道中,采取抛物线方位迎风用力向空中高抛3 m左右,使秧苗均匀散落田间,秧根落到泥水5 cm之内。为使秧苗分布均匀,一般先抛总苗数的70%～

80%，由远到近，先稀后密；然后再抛余下的 10%～20%，用于补稀、补缺；再把余下的 10%补抛田边，补田角，确保基本均匀。

(4)整理　抛秧后按每隔 3 m 左右宽的距离清出一条“人行道”，以便于田间管理。“人行道”一般宽 30 cm 左右，在“人行道”上清出的秧苗用于补大空和缺塘，还可站在“人行道”上用 1.5～1.8 m 长的竹竿左右拔苗，移密补稀。抛后要及时开好“平水缺”，以防大雨冲刷和漂秧。注意在晴天没有水时不抛秧，防烈日灼苗；风雨天、水深时不抛秧，防风吹雨刷浮苗抛秧。抛栽时，注意迎风用力向空中分次高抛。

4. 机插秧移栽

密度大，缓苗期长，叶龄少 3～4 叶，分蘖期长，单位面积穗数多而穗型偏小。

①精准确定大田基本苗：根据品种类型确定合理基本苗数，明确亩插穴数和穴栽苗数。生育期长的、早栽分蘖力强的大穗型品种，栽插密度以亩栽 1.5 万～1.7 万穴，每穴 2 苗左右为宜；一般穗数型或穗粒兼顾型品种栽插密度宜为亩 1.7 万～1.9 万穴，每穴 3 苗左右为宜；早熟品种每穴 4 苗为宜。

②精确控制栽插深度：机插稻栽插深度调节控制在 2.0 cm 左右有利于高产。

③调整株行距，使栽插密度符合设计的合理密度要求。

④调节秧爪取秧面积，使栽插穴苗数符合计划栽插苗数。

⑤田间水深要适宜，一般水层深度保持 1～3 cm，利于清洗秧爪，又不漂不倒不空插，可降低漏穴率，保证足够苗数。

⑥行走规范，接行准确，减少漏插，提高均匀度。

5. 水稻免耕抛秧技术

指上茬作物收成后，使用灭生性除草剂灭茬，稻田免去任何犁耙工序而直接进行抛秧播植的一种栽培方法。免耕稻田宜在水源充足、排灌方便、田面平整、耕层深厚、保水保肥能力好的稻田进行。低洼田、山坑田、冷浸田、烂田在免耕化学除草前要开好环田沟和十字沟、及时排干田水，易旱田和浅、瘦、漏的沙质田不适宜作免耕田。

(1)稻桩与杂草处理　留桩高度一般不要超过 15 cm。

(2)抛秧前杂草处理　一般在抛秧前 7～10 d 排干田水，亩用 20%克无踪 200～250 mL+碳铵或钾肥 2 kg，兑水 50～60 kg 后用喷雾器均匀喷洒，2 d 后灌水淹没稻桩，浸泡 5～7 d 待水层自然落干或排浅水抛秧。对于季节紧张的晚稻可以推迟至抛秧前 2 d 喷施，喷施 1 d 后浸田 1 d，然后排浅水抛秧，但采用这种方法必须根据具体情况慎重进行。

附加技能训练　水稻秧苗生长观察及秧苗素质考察

一、目的

了解秧苗生长特性及学习观察秧苗生长的方法；了解秧苗生长与胚乳消耗的关系；学习秧苗质量考查的方法，掌握壮秧的标准。

二、内容说明

“秧好半年禾”。“秧好”有两个含义：一是指秧苗素质好。即秧苗基部粗扁，叶身清秀，挺直不披，无病虫为害，白根多，同时秧苗干物重大，淀粉、糖类、蛋白质含量高，且碳氧化值适当，发根力强，插秧后回青快，分蘖早；二是指成秧率高，生长整齐脚秧少，一般湿润秧田成秧率在60%～70%，管理好的可达80%以上，薄膜育秧成秧率更高。

种子萌发后生长所需要的养分主要由胚乳供给，至三叶期，胚乳基本消耗完毕，此时由胚乳营养转入独立营养，称为离乳期。这时秧苗抵抗不良环境的能力减弱，如管理不当，容易造成烂秧。

秧苗生长速度受气温的影响较大，同时与品种的抗寒能力也有关，栽培管理措施亦对其有影响，通过定期调查秧苗生长与温度等环境的关系，分析秧苗生长规律。

三、材料及用具

各种处理的秧苗（包括不同品种，不同播期，不同育秧方式等）；红油漆，小网筛，镊子，剪刀，刀片，米尺，烘箱，干燥箱，粗天平，扭力天平，牛皮纸袋等。

四、方法与步骤

（一）秧苗生长的定株观察

参见水稻生长发育特性的观察实验。

（二）取2、3、4叶龄的秧苗的谷粒

去谷壳观察胚乳的消耗情况（估算各叶龄胚乳消耗为整个米粒体积的分数或重量的比例）。

（三）成秧率调查

调查某一品种（或处理）的成秧率，宜在插秧前1～2 d进行。调查前先检查各秧厢（畦）秧苗生长是否一致，若比较一致即可用三点或五点取样方法取样，若秧厢（畦）间生长差异大，则可按生长情况，将秧厢（畦）分上、中、下三等，算出各占秧田面积的成数，再在各等秧厢（畦）中取样2～3点，每个取样点的面积为15 cm×6 cm或15 cm×15 cm。取样时将各样点的秧苗及表层土壤一齐取出，装在网筛内，用水洗去泥土，分别统计大苗（即为成秧数）、小苗（不到大苗高度1/2的小苗）以及未出苗的种谷数（注意清洗中要轻巧，以免谷壳秧苗分离，不要把秧苗上脱落的种谷壳算成未发芽出苗的种谷），然后计算成秧率，记入表2-3-2。

$$\text{成秧率}=\frac{\text{大苗数(成秧数)}}{\text{播种总谷粒(大苗数+小苗数+未出苗成谷数)}}\times 100\%$$

(四)秧苗质量考查

从成秧率的调查样品中每个处理任选成秧秧苗 50 株(或在秧田中随机取 50 株),对下列各项进行考查,按表 2-3-2 和表 2-3-3 登记。

表 2-3-2 成秧率调查表

品种: 调查日期:

处理	大苗数	小苗数(缩脚苗)	未出苗种谷数	合计	成秧率/%	备注
1						
2						
3						
4						
5						
6						
7						
8						
9						
10						

表 2-3-3 水稻秧苗质量考查表

品种：

株号	株高/cm	叶龄	绿叶数	茎基宽/cm	总根数	白根数	叶身与叶鞘长/cm						鲜重/g	干重/g	单位苗高干重/(mg/cm)
							最上一叶		最上二叶		平均				
							叶身	叶鞘	叶身	叶鞘	叶身	叶鞘			

技能训练 2-4 中期田间管理

一、训练目标

能识别水稻的各个生育时期，会鉴别水稻生育期常见病虫草害，熟悉水稻各生育期的需肥需水特性，能根据生育特性进行简单的田间管理。

二、训练材料与用具

肥料、农药、解剖镜等。

三、训练内容

(一)施肥技术

水稻吸收氮有分蘖期和孕穗期 2 个高峰；吸收磷在分蘖至拔节期是高峰，抽穗期也高；钾的吸收集中在分蘖至孕穗期。杂交水稻氮吸收高峰在生育前期和中期，与常规稻基本相同，所不同的是在齐穗和成熟阶段杂交水稻还吸收 25%氮，19%钾。

秧田底肥以腐熟有机肥为主，配施少量 N、P、K，施用量早稻＞中稻＞晚稻。秧田追肥一般 2 次，一次在 1 叶 1 心至 2 叶 1 心时，另一次在移栽前一星期左右施一次“送嫁肥”。

大田耕整时可在水稻移栽前 10 d 将有机肥翻耕，化肥中的全部磷肥、部分氮肥和钾肥在耙田时施入，一般亩施用尿素 10 kg，过磷酸钾 6 kg，氯化钾 8 kg 左右。后期追肥分别在移栽后 15 d 追施分蘖肥尿素 5 kg，晒田复水后根据苗情追分蘖肥尿素 5～10 kg，氯化钾 5 kg。

(1)早稻施肥　生育期短，营养与生殖生长重叠时间长，一般在分蘖盛期出现一个吸肥高峰，且时间较短，施足基肥(占总用肥量的 50%左右)，分蘖盛期以前早施追肥(追肥占总用肥量的 35%左右)，至顶叶伸出以前，一般停止追肥。

(2)双季晚稻　吸肥高峰较迟，后期比早稻的吸肥量要多。在施足基肥(占总用肥量的 50%)适量早施分蘖肥(占总用肥量的 25%左右)基础上，注意防止后期(包括孕穗和抽穗期)缺肥。

(3)单季晚稻和中稻　营养生长期较长，前期比早稻的气温高，后期又比双季晚稻的气温高，因此前期分蘖容易增加，易造成生长过旺，不宜过多施肥。掌握“前轻，中重，后补足”的施肥原则，达到前期不疯长、后期不早衰的目的。

(二)水分管理

浅水栽秧 2 cm，寸水返青 4 cm，薄水分蘖 1.5 cm，适时晒田，足水孕穗 2～3 cm(如遇高温可灌 5～7 cm 深水降温)，有水抽穗，湿润灌浆，适时断水。

中后期适时晒田原则是“苗到不等时，时到不等苗”，当每亩茎蘖数达到 18 万左右时开始晒田。一般泥脚深，黏闭田重晒，反之轻晒。

(1)返青期 因根系损伤,吸水力弱。灌水深度:晴天 5～10 cm,阴雨天 3～4 cm。返青期水分管理措施见表 2-4-1。

表 2-4-1 水稻返青期水分管理表

品种	白天	夜晚	寒潮
早稻	浅水	深水	深灌
中稻和一季晚稻	较深水层	较深水层	
二季晚稻	深水或流水	排水	

(2)分蘖期 土壤含水高度饱和到有浅水之间,以促进分蘖早生快发。水层过深分蘖会受到抑制,生产上可采用排水晒田方法来抑制无效分蘖。穗发育期是水稻需水临界期,此期一般淹水深度不宜超过 10 cm,维持深水层的时间也不宜过长。

(3)抽穗开花期 缺水敏感程度仅次于孕穗期。受旱重时出穗、开花困难,轻则影响花粉和柱头的活力,空瘪率增加。一般要求保持水层,可明显减轻高温的影响。

(4)灌浆结实期 此期宜进行间隙灌水,使稻田处于渍水与落水相交替的状态,利于稻株养分的吸收、运输及籽粒增重。

(三)田间病虫草害的识别与防除

1. 草害

有研究表明,湖北省水稻田主要杂草有 138 种,其中一般性杂草 97 种,常见杂草有 24 种,恶性杂草有 11 种,优势恶性杂草有稗、鸭舌草、千金子、鳢肠、空心莲子草、异型莎草 6 种。以露地播种为例,稻田除草,一般来讲“先清、后封、再补杀”。

先清:整田前(播前 10～15 d)用草甘膦化除一次,杀死田间杂草,见技能训练 2-1。

后封:播种后 1～2 d 用丙草胺配剂封闭除草,抑制杂草萌发,见技能训练 2-2。

三补:补杀 1～2 次,依照田间杂交发生程度而定。

常用稻田除草剂有效成分:草甘膦、乙草胺、(异)丙草胺、毒草胺、丁草胺、杀草丹、禾大壮、恶草酮、氧氟草酯、乙氧氟草醚、苄嘧磺隆、二氯喹啉酸等。生产上常用的除草剂,如都尔、敌稗、野老、马歇特、禾耐斯、扫茀特、农思它、扑(西)草净等都是由这些有效成分配组而成的。

2. 虫害

水稻主要虫害苗期有蓟马,中期有三化螟、二化螟、纵卷叶螟,后期有飞虱等。虫害的防治主要参照当地农技推广部门发布的虫情测报进行管理,用药种类、剂量、浓度及使用时间和方式要因类有别。

(1)蓟马 稻苗 2 叶期见卵,4～5 叶期重发,叶片初现白色或黄褐色小斑痕,后叶类纵卷枯萎。稻田卷叶率达 5%～10%进行化杀,可用含啼啶虫胺、吡虫啉、甲氨基阿维菌互苯甲酸等有效成分的药剂(或复配剂)化杀。

(2)三(二)化螟 三、二化螟在苗期、分蘖期、孕(抽)穗期多见,卵产于叶片中上部或叶鞘部,常造成枯心苗、白穗,系由螟幼虫侵食心苗所致。纵卷叶螟多在孕穗期为害,卵产于叶片上部靠叶尖处,常纵卷叶面在里面取食危害叶片,形成白条状叶尖。螟虫为害在卵块孵化盛期至高峰期药剂杀虫,化杀时田间要保持水层,可用含杀虫双(单)、三唑磷、氯虫苯甲酰胺、Bt 制剂、水胺硫磷等有效成分的药剂(或复配剂)化杀。

(3)飞虱　主要在中、晚稻后期发生，吸食茎、叶片造成整株枯死，被害稻田常成窝状枯白、倒伏。稻飞虱带毒为害后易诱发纹枯等病害，造成的危害比其本身危害更大。由于其为迁飞性害虫，且易诱发纹枯病，因此在防治上要统（群）防统（群）治，且杀虫、防病药兼用。在发生危害时，可用含噻嗪酮、噻虫嗪、吡蚜酮（吡嗪酮）、毒死蜱或异丙威等有效成分的药剂（或复配剂）化杀。

3. 病害

湖北水稻主要病害有纹枯病、稻瘟病（穗颈瘟）、稻曲病。三种病害均代表性地发生在水稻生长的相对固定时期，纹枯病主要发生在分蘖至孕穗期，稻瘟病、稻曲病主要发生于抽穗灌浆期。水稻病害以预防为主。

(1)纹枯病　高温、高湿条件下易发病，矮秆重于高秆，粳稻重于籼稻，偏肥、偏旺、积水的稻田往往容易发生。纹枯病对水稻叶鞘、叶片、穗部和茎部都会产生不同程度的为害。最初在植株与水面靠近的叶片和叶鞘部可见，病部大多数都呈现暗绿色水浸状模糊斑点，病斑进一步扩散后，逐步形成云纹状。病斑中间位置会出现灰绿色或是灰褐色。在病害发生较为严重时，多个较小的病斑交集之后会产生较大的病斑，导致叶片开始发黄然后逐渐枯死。茎秆位置受害情况与叶片较为相似。当穗部受侵害后，起初会呈现出暗绿色，随着侵害时间的延长，会呈现灰褐色，水稻不能正常抽穗。在分蘖盛期和孕穗期或者病丛率在5%～10%时用药防控，可用含井冈霉素、苯甲丙环唑、噻呋酰胺、戊唑醇肟菌酯等有效成分的药剂（或复配剂）喷雾预防。

(2)稻瘟病（穗颈瘟）　适温、高湿下易发病，水稻全生育期均可发病，尤以抽穗期最易感病。发生于颈部、穗轴、枝梗上，病斑初为暗褐色小点，以后上下扩展形成黑褐色条斑，轻者影响结实、灌浆，以至秕粒增多，重者可形成白穗，完全不结实。防治不力则进一步发展为谷粒瘟。在水稻破口前后用药防控。可用含稻瘟灵、三环唑、春雷霉素、咪鲜胺等有效成分的药剂（或复配剂）喷雾预防。

(3)稻曲病　适温、多雨高湿、寡照条件下易发病，开花结实期为发生期。稻曲病一般只发生在穗部单个谷粒上，也有多达几十个粒受害。病菌侵入谷粒后，在颖壳内形成菌丝块，病粒内部的组织被破坏。后菌丝块逐渐长大，使谷粒颖壳稍稍裂开，露出橘黄色小形块状突起物（孢子座），再逐渐膨大，将颖壳包裹起来形成"稻曲"。在水稻破口期至齐穗期用药防控。可用含三唑酮、烯唑醇、多菌酮、百菌灵、三苯基乙酸锡、纹霉星等有效成分的药剂（或复配剂）喷雾预防。

附加技能训练　水稻生长发育特性的观察

一、目的

掌握水稻各个生育时期的特征，群体变化动态、叶片生长规律和田间观察记载的标准与方法。

二、内容说明

本实验配合理论学习同步进行。从播种到成熟，对水稻的一生进行系统观察、记载。观察的主要内容如下。

(一)生育时期

1. 水稻的生育时期

一般将稻的一生，划分为营养生长和生殖生长两个阶段。营养生长是稻株营养体的扩展生长，包括种子萌发和根、茎、叶、蘖的发生与生长，因而又可分为幼苗期与分蘖期；生殖生长主要是生殖器官的发育和生长，包括穗分化与抽穗结实，因而又可分为长穗期和结实期。在长穗期既有营养生长，又有生殖生长，是两者并旺的时期。幼苗期、分蘖期、长穗期、结实期这四个时期还可根据各自特征特性进一步分为若干个时期。

2. 生育时期的观察方法

从播种开始观察。播种后在秧田定点观察出苗期和三叶期。定点的方法是：播种时在有代表性的秧厢(畦)上，每个品种(或处理)选取3～4个点，每点1平方尺(900 cm^2)，各点用同样的大小的报纸覆盖。播种后揭去报纸，在覆盖处再仔细地播种预先数计好的种子(根据每亩净秧田播种的净谷数计算1平方尺应播料数，并作出记载)；或者从播种时自然落在报纸上(报纸最好涂上泥浆)的种芽，收集并计数，然后再播在报纸覆盖的范围内。出苗时，定期数计观察点内的出苗数，再根据样点内播种总粒数计算出苗期、出苗率、三叶期及成秧率等。

水稻移栽以后，大田每个品种(或处理)定10～20穴作为生育时期观察材料(小区一般垂直于插秧方向连续定10穴，大田定20穴；小区靠边行2穴，大田靠边行5穴，不宜作观察材料)。定点后进行定期观察，按表2-4-2格式将观察结果记录在记载本上。有些生育期可与群体动态观察结合进行。如分蘖期、抽穗期。

3. 生育时期记载标准

出苗期：发芽总粒数的10%不完全叶突破芽鞘，叶色转青的日期为出苗始期；50%为出苗期；80%为齐苗期。

三叶期：观察点内50%的秧苗第三片完全叶全展的日期。

返青期：移栽后15%的植株新叶重新展开，叶色由黄转绿，心叶开始伸长，同时有新根发生的日期。从移栽后第二天到返青期的天数即为返青日数。

分蘖期：10%的植株新生分蘖叶尖露出母茎叶鞘约1 cm时为分蘖始期；50%为分蘖期。总茎蘖达最多时为最高分蘖期；分蘖速度最快的时期为分蘖盛期。

有效分蘖终止期：茎蘖数与最后有效穗数相同的日期为有效分蘖终止期。

拔节期：50%的植株地上部第一节间伸长，早稻达1 cm以上，晚稻达2 cm以上的日期。

孕穗期：50%植株的剑叶叶枕全部露出下一叶叶枕的日期。

抽穗期：10%的稻穗顶露出剑叶叶鞘达1 cm为抽穗始期；50%为抽穗期；80%为齐穗期。

乳熟期：50%稻穗中部子粒内容物充满颖壳，呈乳浆状，手压开始有硬物感觉时为乳熟期。

蜡熟期：50%稻穗中部子粒内容物浓黏，手压有坚硬感，无乳状物出现的日期。

成熟期：早籼稻80%、早粳稻90%谷粒变黄，米质变硬；晚稻全部谷粒变黄的日期。

全生育期：从播种第二日起至成熟的日期。

表 2-4-2　水稻生育时期观察记载表

品种或处理	返青期	分蘖始期	有效分蘖终止期	最高分蘖期	开始日期								备注
					拔节期	孕穗期	抽穗期			成熟期			
							始穗期	抽穗期	齐穗期	乳熟期	蜡熟期	完熟期	

(二)叶龄观察

1. 定株

秧苗第一片完全叶全展后，每品种(或处理)选有代表性的秧厢(畦)1～2 厢(畦)，定 20 株秧苗(或在上述观察点内定 20 株也可)。每一观察株旁插一细标签作标记，长约 30 cm，并编上顺序号。待第三叶全展时再用红(白)漆标记样株叶片，以后每隔一个叶龄标记一次，定格后每隔两天观察叶龄一次，按表 2-4-3 登记。

表 2-4-3　叶龄观察记载表

品种或处理：　　　　　　　　　　　　　　　　播种日期：

观察日期(月/日)	叶龄	株号							
		1	2	3	…	19	20	合计	平均

水稻移栽时应将油漆标记的样株植于本田，每穴插一株，随机并入丛内，并插 20 穴(不插边行，与行向垂直)，可结合生育时期和群体动态观察，定期记载叶龄(同时要继续不断标记叶片)直到每株剑叶全展为止。

2. 叶龄记载方法

一般以主茎完全叶叶序为准。如主茎第四片完全叶全展时，即记为 4.0，若心叶(n)尚未完全抽出，则用其抽出长度达到心叶下一叶($n-1$)叶身全长(M)的大体比例来衡量，以小数点表示，方法如下：

①心叶露尖卷曲如筒状 $n<1/3M$ 时记 0.1；

②心叶顶端开始展开 $1/3M<n<1/2M$ 为 0.3；

③心叶长度超过其下一叶的一半，$1/2M<n<3/4M$ 为 0.5；

④心叶与下叶等长，$3/4M<n<M$ 为 0.7；

⑤心叶长度超过下一叶长而尚未完全伸出，$n>M$ 为 0.9；

以上标准为剑叶下一叶之前的叶片作为心叶的指标，剑叶及剑叶下一叶作为心叶(n)时，卷筒状心叶 $n<1/3M$ 时记作 0.2 叶，当 $n=1/2M$ 时记作 0.6 叶，$n=3/4M$ 时记作 0.9 叶。

(三)群体动态观察

1. 秧田群体

利用前述观察点调查出苗率、成秧率、分蘖株率及每亩秧田总苗数。

(1)出苗率　第一完全叶出现时，调查观察点出苗总数，求算出苗率。

$$出苗率=\frac{出苗数}{观察点内种子数\times 发芽率}\times 100\%$$

(2)成秧率　插秧前 1～2 d，调查点内的总苗数和缩脚苗(苗高不足正常苗的一半者)的数量，求算成秧率。

$$成秧率=\frac{总苗数-缩脚苗}{观察点内种子数\times发芽率}\times100\%$$

(3)分蘖株率　调查观察点内总苗数和带分蘖的株数，求算分蘖株率。必要时，还可计算带不同分蘖个数的分蘖株率。如带1蘖、2蘖、3蘖……分蘖株率等。

$$分蘖株率=\frac{带分蘖的株数}{样点内总苗数}\times100\%$$

(4)每亩秧田总苗数　总苗数包括本苗和分蘖苗。由于仅具一片叶的分蘖，移栽后死亡率高，故不计入总苗数，2叶以上的分蘖均作为有效苗统计。调查方法是准确测定净秧田面积(m^2)，并于插秧前1～2 d内统计样点内有效苗数，计算每平方米有效苗平均值，再按下式计算每亩秧田有效苗数。

$$秧田有效苗数(万/亩)=\frac{样点内有效苗平均值}{样点净秧田面积(m^2)}\times666.7$$

调查结果按表2-4-4登记。

表2-4-4　秧田群体动态记载表

调查日期(月/日)	品种(或处理)	出苗率/%	成秧率/%	分蘖株率/%			每亩秧田有效苗/万株
				第一蘖	第二蘖	第三蘖	

2. 本田群体

(1)本田群体动态：水稻移栽后经过返青阶段，调查基本苗。在正常条件下，水稻移栽后5～7 d开始分蘖，以后分蘖急剧增加，到拔节前后进入最高分蘖期。最高分蘖期后，由于生长中心转移和田间荫蔽，分蘖部分消亡，苗数减少，到抽穗时趋于稳定。

(2)本田群体动态观察方法：定点定株观察。小区每点10穴(可与生育时期和叶龄观察共同设点)；大田每点20穴，共4～5个点。返青后调查基本苗数，开始分蘖后每3天调查一次总茎蘖数，直到抽穗为止，按下表进行记载。抽穗以后，根据历次分蘖的观察资料，进行整理，绘成分蘖曲线。

调查结果按表 2-4-5 登记。

表 2-4-5 本田群体动态记载表

品种： 处理：

调查日期（月/日）	每穴苗数										合计	平均	每亩苗数/（万株/亩）
	1	2	3	4	5	6	7	8	9	10			

(四)抽穗进度调查

利用观察分蘖的样株，从见穗开始，每隔一天数记一次抽穗数，作好记载，直到稻穗全部抽出为止。根据观察资料，计算始穗期、抽穗期和齐穗期。

(五)子粒灌浆速度调查

于抽穗期在田间标记生长一致，穗形大小接近的稻穗（以穗顶露出剑叶鞘 2 cm 为准），每品种（或处理）共 300～400 穗，从标记当天开始，每隔 3～5 d 取 20～30 个稻穗（从穗颈处截取），带回室内用吸湿纸吸干稻穗上的水分，测定鲜重。然后在（105±2）℃的条件下烘 8 h，或先在 105℃的温度下烘 15 min，以破坏酶的活性，再在 80℃的条件下烘 48 h 后，取出置于干燥器内冷却至常温再称量。烘箱使用时要逐渐升温，待温度高出要求温度 10℃时，即将样品放入烘箱内，并保持在要求温度±2℃范围内。穗轴和枝梗重量要在最后一次测定时脱粒分别称重扣除之。测定结果经整理后绘制成子粒灌浆曲线图。

(六)叶面积动态调查

1. 调查时期

秧田期在移栽前 1～2 d 调查一次，本田期在分蘖期、孕穗期、抽穗期及乳熟末期各调查一次，也可根据品种特性、施肥方法、栽培密度等设计处理差异定调查期，根据调查资料计算叶面积指数，绘制叶面积变化动态曲线。

2. 调查方法

（1）取样 用随机取样法或五点取样法每品种（或处理）取样 3 穴，注意每个样穴的苗（茎）数应与全田的平均每穴苗（茎）数相近，使样穴更具有代表性。

（2）测定方法

①比叶重法：将取回的 3 穴稻苗洗净后分株，从全部稻株中再取 5 株左右（含主茎和分

蘖)，摘下全部绿叶片，趁鲜叶未萎蔫之前将各叶中部最宽处相联，成直线紧挨平铺于桌面(或自制的夹尺上)，测量叶片中部总宽度(cm)，并截取叶片中部5～10 cm长度，长×宽即为该样截取部分的叶面积。然后将此截取的绿叶和其余取样叶片分别烘干称重，再按下式计算全部样品叶面积。

$$全部样品叶面积(cm^2)=\frac{小样品叶片干重+其余叶片干重}{小样品叶片干重}\times小样品面积$$

根据全部样品叶面积计算出每穴叶面积，再乘以每亩总穴数即为每亩叶面积。

②系数法：实测样品每张绿叶的长度与宽度(量叶片最宽处)，长乘宽再与系数 K 值相乘即为各叶的叶面积。算出每张叶片的叶面积后，再求出样株的叶面积，最后计算出每亩叶面积。系数 K 因不同品种及在不同生育时期略有不同，一般苗期和成熟期为0.67，其他生育期为0.75。

三、作业

根据观察调查的各项结果制成图表，并作初步分析，然后写出书面报告。

附加技能训练 水稻分蘖特性观察

一、目的

了解水稻分蘖习性及消长变化的规律。

二、内容说明

水稻茎秆通常有10～18个，每一节上生一叶，每一叶腋间都有一个腋芽，在适宜的条件下，腋芽可以发育成为侧茎，称作分蘖。但一般地上部的伸长节与地下部的基部茎节(在栽插条件下)，常不能发生分蘖，只有茎秆靠近地表的数个茎节才能发生分蘖。凡由主茎上发生的分蘖，称为第一次分蘖，从第一次分蘖上长出的分蘖，称为第二次分蘖，依此类推，同一茎上的同次分蘖，根据其着生节位的高低，由下而上依次称为第一位、第二位、第三位分蘖……分蘖出现的最低节位称为最低分蘖位，分蘖出现的最高节位称为最高分蘖位。

分蘖的出现与母茎叶片的出现，相互之间存在一定的关系，即某节位分蘖出现期与该着生节位之上母茎第三节位的叶出现期相当。如主茎第Ⅴ节位分蘖出现期和主茎第Ⅷ节位上长出的第8叶同时，主茎第Ⅵ节位分蘖出现期和主茎第9叶的出现同时。第二次分蘖的出现与其母茎第一次分蘖上叶片出现也存在同样的关系。所以，当分蘖具有二片完全叶时，其上母茎就有5个叶片，照此类推。但分蘖后期的出叶常比母茎出叶要快，不完全符合上述规律。例如分蘖的第4叶出现期，依上述规律应与该蘖着生节位以上的母茎的第6叶同时出现，但实际上与着生节位以上母茎的第5叶出现期接近。

分蘖的根系发育与叶片数也存在一定的关系。分蘖一般在一叶和二叶以前，均无根发生。

三叶期其茎最基部开始出现根点，四叶期才有较长的根系，进行独立的生活。

水稻移栽后 5～7 d 就开始分蘖，随后分蘖逐渐增加，到最高点后又逐渐下降，出穗以后分蘖才稳定下来。因此分蘖的消长变化呈一条曲线。水稻分蘖数的多少，常因品种、栽插密度、水肥条件以及气象因素等不同而有很大差异。掌握这些变化规律，对于控制合理群体结构有着重要的意义。

三、材料与用具

材料：品种试验田或水稻标本园，不同处理的分蘖稻株。

用具：刀片、镊子、记载本、铅笔、红漆等。

四、方法与步骤

（一）实验室部分

同一品种（或处理）取分蘖数较多的分蘖稻株 3～5 株，观察下列项目。

（1）分蘖位次的观察　用刀片将茎基部纵向剖开，辨明主茎、分蘖及其位次。

（2）调查分蘖出现期与母茎叶出现期的关系　取不同叶数的分蘖，分别数计其完全叶片数及该蘖着生节位以上母茎的叶片数，推算出分蘖各叶出现期与母茎各叶出现期的关系。

（3）观察分蘖根系发生与其叶片的关系　将分蘖自母茎上剥下，调查具有不同叶数的分蘖发生的根数与根长。

（二）田间部分

在品种试验田或标本园里调查下列项目：

1. 分蘖位的观察

在品种试验田或标本园的单本插植区，在插秧时选定样株 10 株，用红漆标记主茎叶龄，以后定期观察记载主茎叶龄及各位次分蘖发生时期及节位。同时以旱育抛栽秧的相同调查作对照，说明两种装植方式对分蘖发生的影响。

说明：分蘖位次记载，从主茎上发生的分蘖，直接以分蘖着生节位的数字来表示，如主茎第 6 叶位上发生的分蘖即从“6”表示，称 6 位蘖。发生在 7 叶位上的，称 7 位蘖，依此类推。第二次分蘖的分蘖位次，以两个数字表示。如在上述 6 位蘖的第一叶节上发出的分蘖，则以“6.1”表示，前面的“6”是指一次分蘖在主茎上的分蘖节位，后面的“1”是指在第一次分蘖的第一节位上发生的分蘖。分蘖鞘节以“P”表示。

2. 调查分蘖的消长变化情况

在上述试验田中，安排不同栽培密度、不同栽插本数及不同肥力水平等试验区。插秧时选定样株 10 穴，回青后调查每穴基本苗，分蘖开始后，每隔 3～5 d 调查一次，直至抽穗为止，每次数计每穴的茎蘖数。成熟期再调查每穴有效穗数。

水稻叶龄及分蘖位次观察见表 2-4-6，水稻茎蘖数观察见表 2-4-7。

表 2-4-6　水稻叶龄及分蘖位次观察记载表

调查日期（月/日）	1		2		3		4		5		6		7		8		9		10		平均	
	主茎叶龄	分蘖位次	主茎叶龄	分蘖位次	主茎叶龄	分蘖位次	主茎叶龄	分蘖位次	主茎叶龄	分蘖位次	主茎叶龄	分蘖位次	主茎叶龄	分蘖位次	主茎叶龄	分蘖位次	主茎叶龄	分蘖位次	主茎叶龄	分蘖位次	主茎叶龄	分蘖位次

表 2-4-7 水稻茎蘖数观察记载表

调查日期	不同株号水稻的茎蘖数										平均
	1	2	3	4	5	6	7	8	9	10	

五、作业

1. 绘一水稻分蘖实况或模式图，注明分蘖的位和次。

2. 将分蘖出现与母茎叶片出现的关系以及分蘖叶数与根系发生情况按表 2-4-8 登记，并加以说明。

表 2-4-8 水稻分蘖动态观察记载表

处理	分蘖位次	分蘖叶数	该蘖着生节位以上母茎的叶数	分蘖根系发生情况		备注
				根数	根长/cm	

3. 将主茎叶龄及分蘖节位的田间调查资料，整理出本田营养生长期，生殖生长期的叶片生长速度及最高、最低分蘖位资料，并略加说明。见表 2-4-9、表 2-4-10。

4. 根据田间调查资料，作一移栽水稻本田分蘖消长变化曲线图，标明分蘖始期、最高分蘖期、有效分蘖终止期和无效分蘖期，求出有效分蘖百分率以旱育抛栽秧为对照，并简单分析该试验田或标本园的栽培措施与群体结构是否合理？

表 2-4-9 水稻主茎本田各类叶生长速度表

品种	移栽期及叶龄	自剑叶起下数第 4 叶全展日期(月/日)	本田营养生长期叶片生长速度			剑叶全展期(月/日)	最后三叶生长速度		总叶龄	备注
			天数	出叶数	平均每长一叶所需天数		天数	平均每长一叶所需天数		

表 2-4-10 移栽水稻主茎最低、最高分蘖位表

品种	移栽时叶龄	平均最低分蘖节位	平均最高分蘖节位	调查株分蘖平均节数

技能训练 2-5　水稻有性杂交技术

一、训练目标

了解水稻的花器结构和开花习性，初步掌握水稻的有性杂交技术。

二、训练材料与用具

小剪刀、镊子、温水瓶、保温桶、回形针、小纸牌、铅笔、牛皮纸袋、酒精棉球等。

三、训练内容

(一)观察水稻的花器构造和开花习性

1. 水稻的花器构造

稻穗为圆锥花序，由主轴、一次枝梗、二次枝梗和小穗等部分组成。在一次枝梗的顶部和二次枝梗上着生有花柄的小穗，每一个小穗通常只开一朵颖花。每朵花有护颖、内颖、外颖、鳞片、雌蕊和雄蕊等部分。护颖两枚，内、外颖各一枚，是花的保护器官。内、外颖组成谷壳，外颖尖叫颖尖，有的伸长为芒。雌雄蕊是花的生殖器官，雄蕊 6 个，由花药、花丝组成。花丝顶端是一个长形的花药，其中充满花粉。雌蕊一个，位于花的中央，基部膨大为子房，子房上部为花柱，花柱顶端是分叉的羽状柱头，柱头分有色、无色两种。外颖和子房的基部有两枚鳞片。花粉成熟后，鳞片吸水膨胀，使内、外颖张开，花丝迅速伸长，花药破裂，部分花粉落于雌蕊柱头上而自花授粉。水稻花器构造如图 2-5-1 所示。

2. 水稻的开花习性

稻花开花与品种和气候条件，特别是温度的关系很大。一般气温在 20℃以上，相对湿度 60%以上即可开花，但以温度 28～32℃，相对湿度 80%～90%为最适宜。如温度低于 20℃结实率较低，空秕粒显著增加。

水稻抽穗后的当天，或第二天开始开花(因品种、气候不同而异)，以开花的第二、三天最盛。开放的顺序，就一个稻穗来看，是上部枝梗先开，依次向下开放。一般是主轴顶端的颖花先开，然后枝梗由上往下开放。但不是上部枝梗的花开完后，下部枝梗的花再开，而是上部枝梗一开花，下部枝梗陆续开花。就一个枝梗来看，是顶端的颖花先开，以后由基部往上开，顶端下的第二个颖花最后开放，往往不结实。一个稻穗开花所需要的天数，因品种、气候和穗子大小而有不同。如天气正常，气温高，一般早稻全穗开完约需要 5 d，中稻 6～7 d，晚稻则需 8 d 左右。水稻开花多在上午，下午开放的较少，常因品种和温、湿度不同，而影响每天开花时间的早晚。一般是籼稻品种较早，粳稻品种较迟；早、中稻较早，晚稻较迟；气温高较早，气温低偏迟，甚至在低温高湿下，有的品种还可以闭颖授粉。在正常的气候条件下，早、中稻品种每日上午 8 时开始开花，以 10—12 时最盛，以后逐渐减少，到下午几乎不开花。晚稻品种每日从上午 10 时开始开花，以 12—14 时最盛。如遇连绵阴雨，气温低，还要延迟，有的品种就不开颖而受

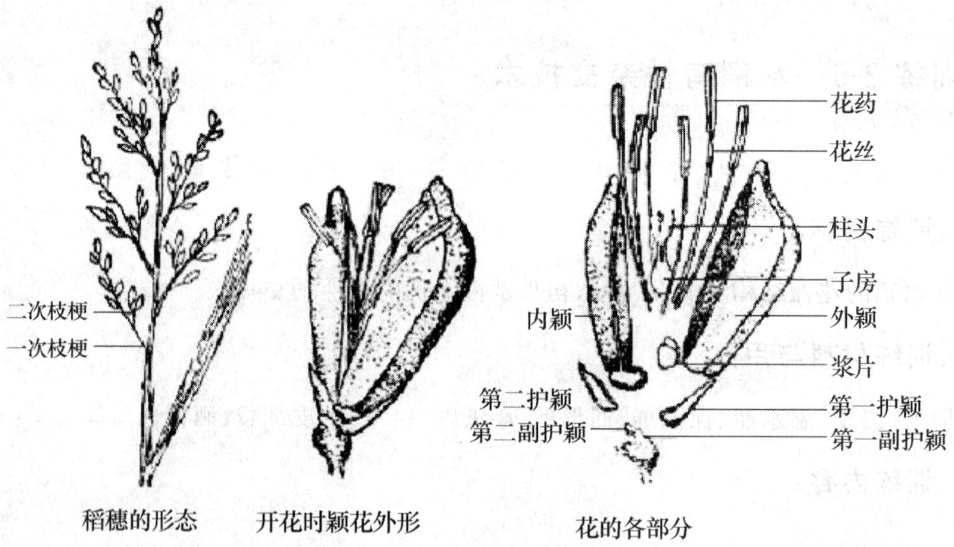

图 2-5-1 水稻的花器构造

精结实。

稻花成熟后，鳞片吸水膨胀，内、外颖张开，花丝伸长，花药外垂，散放花粉。散粉后，内、外颖逐渐闭合，每一朵花从开颖至闭合，需 0.5～1 h(因品种、气候不同而异)。根据近年来的观察，花粉落到柱头上，经 2～3 min，即可萌芽，30 min 后花粉管进入胚囊，1.5 h 后开始受精，6～7 h 受精完成，子实开始发育。

水稻花粉从花药中散出，极易失去生活力。在自然条件下，经 3 min 即只有约半数花粉粒能发芽，花药 5 min 后几乎全部失去生活力。柱头生活力可维持较长的时间，开颖前后 3 d 都有受精能力，因而去雄后 3 d 授粉也可结实。少数品种开花后 4～5 d 仍有一定的受精能力，但以去雄后 1～2 d 授粉结实最高。

(二)杂交方法

根据水稻花器构造及开花生物学特性，一般均采用下列方法进行水稻的有性杂交。

1. 选株(整穗)

先按照育种目标确定杂交组合，培植亲本，调节花期。杂交时再选定亲本植株，确定去雄稻穗。亲本必须是生育良好，无病虫害，具有该品种典型性状，而又即将开花的植株。去雄前，应先进行整穗，即选取已抽穗而即将开花或顶部已开花而中部尚未开花的稻穗，剪去其中、下部尚未成熟的颖花，仅保留顶部的十余朵花(有芒品种去其芒)，然后去雄。

2. 去雄

去雄就是除去颖花中的雄蕊，目前采用较多的去雄方法有剪颖去雄和温汤杀雄法。

(1)剪颖去雄　剪颖去雄必须掌握适当的时期，一般以早晨 8 时以前去雄、授粉为宜，最好是在前一天的傍晚，水稻不开花时去雄，次日上午授粉。去雄时，可先在阳光下透视，选择花药已上升到颖壳的上半部(接近颖花的顶端)，将在第二天开花的稻穗，从各颖花的颖壳上部剪去 1/3 左右，待次日上午 8 时以前，花药伸出剪口再去雄，并将未伸出的颖花去掉后立即授粉。

如在当天去雄、授粉，则剪开后待花药伸出剪口时，再用镊子从剪口轻轻将每一颖花的6个花药全部完整地取出，切勿刺破花药或伤及子房和柱头。如果一朵花的花药破裂，除剪去这一朵花外，镊子也要用酒精棉球擦净才能再用，以免造成自花授粉。此法如果应用于柱头较短的品种，也可在花药上升到颖花的上部时，从颖壳的1/2处将花药一并剪去。去雄后，为了避免非父本的花粉传入，并防止雨水或过分干燥而影响到柱头生活力，应即套上牛皮纸袋，挂上纸牌。用铅笔写明父母本品种名称、去雄日期，以及工作者姓名等。

(2)温汤杀雄　水稻雌、雄蕊的耐温性不同，雌蕊的耐温性强，比雄蕊能耐较高的温度。花粉的耐温力特别弱，经42～45℃温水处理5～10 min后，花粉完全失去生活力，而雌蕊柱头的生活力正常，仍能受精结实。因此，控制一定的水温和处理时间，即能杀死花粉而无损于柱头，但如温度掌握不当，则雌蕊也会被杀死，或者雄蕊未被杀死而形成自交。

温汤杀雄的方法是用一般的热水瓶盛满热水，用温度计量水温，将其调至42～46℃，水瓶斜放，再将选定的母本稻穗轻轻压弯，使稻穗全部浸入水中。处理时必须掌握适宜的水温和浸穗时间，一般籼稻用42～43℃，处理8～10 min。粳稻用44～45℃，处理5～8 min。晚稻开花季节大气温度较低，处理温度可提高1～2℃，时间可延长1～2 min。处理后已经成熟的稻花随即开花，并在20～30 min内陆续开放。凡已开放的花朵，其花粉均被杀死，可不再去雄。尚未成熟的颖花，处理后不开花，其花粉仍具有生活力应全部剪去。去雄后可立即授粉，然后套袋(或不套袋)挂牌，写明杂交组合和处理日期。

温汤杀雄以选用全穗有2/3～3/4伸出叶鞘，而未全部抽出的稻穗为宜。全部抽出的稻穗上部都已开花，抽出太少的稻穗又发育不够，开花数少，甚至不开花，杀雄效率不高。处理的时间以开花前0.5～1 h为宜，处理过早开花数少，处理过迟，临近开花时间，工作紧迫。温汤杀雄到开花时即应停止，因为这时发育成熟的，当天要开的花已开过，未开的花要第二天才能开放。采用这种方法去雄，花器完好，结实正常，结实率也高，而且还可能促进开花，便于授粉。但应准确地控制温度和掌握处理时间，以免造成自交而形成假杂种。为了避开不良天气的影响，又便于控制水温和掌握处理时间，在室内温箱里放置热水盆来处理，也有良好效果。

室内温水杀雄是将母本稻穗从分蘖处分开，连根取回，剪去剑叶以下的叶片，放入盆栽钵内。杀雄时，先将水温调到43℃，然后把稻穗(一次可以处理20个左右)整齐地放入水中，经常调节水温。籼稻保持42℃(粳稻43℃)，经8 min取出移入钵内，再经10 min即可整穗授粉，栽回大田。

3. 授粉

授粉是将父本的花粉传到去雄的母本柱头上，使之受精结实。开花当天剪颖去雄的，可以去雄后立即授粉，也可以次日上午授粉，以当天授粉效果较好。提前一天去雄的第二天授粉。温汤杀雄的应立即授粉，因而在杀雄的同时，就要把父本稻穗准备好。

在每天稻花开放盛期，从即将开放的稻花中采集已成熟即将破裂的花药(花药伸到颖花顶端，饱满、膨松、柔韧，颜色鲜黄)，盛于小瓷杯中，取下母本去雄穗的纸袋，用夹子将成熟的花药送入花内。或用夹子压破花药，散出花粉，再用夹子(有的地方用毛笔沾花粉)将沾满花粉的花药，按顺序在每一朵去雄花上轻轻抹擦，使花粉散落在柱头上，也还可以用夹子将父本花的颖壳分开，拈出花药，直接将一、二个花药放到已去雄的母本花朵内，轻轻摇动母本穗子，使花药破裂，散出花粉。授粉要依次进行，以免遗漏。一个杂交组合采、授完毕后，手和用具都要用酒精棉球擦洗，以防花粉混杂。

水稻花粉能保持生活力的时间很短，采集到的花粉，必须在 3 min 内授完。因此，授粉速度要快，最好是边采边授。

授粉后的稻穗，颖花还没有立即闭合，为了避免非父本品种的花粉飞入，必须套上牛皮纸袋，袋口用回形针夹好。挂上纸牌，用铅笔写明父、母本品种名称、去雄日期，以及工作者姓名等。套袋的时间视授粉的方法而定，剪颖去雄的需套 4～5 d，其他方法去雄的套 1 d 即可。为了防止大风吹落纸袋，吹折稻穗，可在母本植株旁插上小竹竿系上稻穗，以后加强管理，防止雀害。

4. 收获

成熟时，及时按组合分收，装入小纸袋中（袋上注明组合及父、母本品种名称），晒干后妥为贮藏，以备种植其后代，进行培育和选择。

四、作业

根据育种目标和选配亲本的原则，每人按上述方法，选作杂交组合 2～3 个。规定时间后取掉纸袋，经常观察，加强管理。根据不同组合，不同去雄方法的结实情况分析其结实率不同的原因，按表 2-5-1 登记。

表 2-5-1　水稻杂交结实情况观察表

组合	去雄方法	杂交花数	结实粒数	结实率	备注

技能训练 2-6　水稻杂交种子生产技术

一、训练目标

掌握水稻杂交种子生产技术。

二、训练材料与用具

1. 材料：杂交水稻制种田。

2. 用具：放大镜、记载本、铅笔。

三、训练内容

（一）三系杂交水稻制种

三系杂交水稻制种以雄性不育系作母本，雄性不育恢复系作父本，按照一定的行比相间种植，使双亲花期相遇，不育系接受恢复系的花粉而受精结实，生产杂交种子。在整个生产过程中，技术性强，操作严格，一切技术措施都是为了提高母本的异交结实率。制种产量的高低和种子质量的好坏，直接关系到杂交水稻的生产与发展。实践表明，杂交水稻制种要获得高产优质，必须抓好以下关键技术。

1. 选地隔离

杂交水稻制种技术性强、投入高、风险性较大，在基地选择上应考虑其具有良好的稻作自然条件和保证种子纯度的隔离条件。在自然条件方面应具备土壤肥沃，耕作性能好，排灌方便，旱涝保收，光照充足；田地较集中连片；无检疫性水稻病虫害。其次，耕作制度、交通条件、经济条件和群众的科技文化素质也应作为制种基地选择的条件。杂交水稻制种是靠异花授粉获得种子，因此，为获得高纯度的杂交种子，除了采用高纯度的亲本外，还要做到安全隔离，防止其他品种串粉。空间隔离：隔离的距离一般山区丘陵地区，风力较小的地方，要求制种田在 50 m 以上；平原地区，风力比较大的地方，制种田要求至少在 100 m 以上。时间隔离：利用时间隔离，制种田与其他稻田的抽穗扬花期错开时间应在 20 d 以上。父本隔离：父本隔离即将制种田四周隔离区范围内的田块都种植与制种田父本相同的品种。这样既能起到隔离作用，又增加了父本花粉的来源。但用此法隔离，父本种子必须纯度高，以防父本田中的杂株（异品种）串粉。屏障隔离：障碍物的高度应在 2 m 以上，距离不少于 30 m。

为了隔离的安全保险，生产上往往因地因时将几种方法综合运用，用得最多、效果最好的是空间、时间双隔离，即制种田四周 100 m 范围内不能种有与父母本同期抽穗扬花的其他水稻品种，两者头花、末花时间至少要错开 20 d 以上，方能避免串粉、保证安全。

2. 确保父母本花期相遇

（1）花期相遇　通过调节父母本的播种时间，使生育期不同的父母本花期相遇，这是制种成败的关键。

在制种的实际操作过程中，花期相遇的程度常常以父母本始穗期的早迟来确定。通常分为 3 种类型：①理想花期相遇，是指双亲“头花不空，盛花相逢，尾花不丢”，其关键是盛花期完全相遇，制种产量高；②花期基本相遇，是指父本或母本的始穗期比理想花期早或迟 3～5 d，父母本的盛花期只有部分相遇，制种产量受到影响；③花期不遇，是指父本或母本的始穗期比理想花期早或迟 5 d 以上，父母本的盛花期完全不能相遇，花期不遇的制种产量极低甚至失败。

适时播种，根据气候条件，掌握开花期最适温度和湿度的季节，安排好制种田的安全抽穗期。

（2）保证父母本花期相遇的措施　由于父母本生育期的差异，制种时父、母本不能同时播种。两亲本播种期的差异称为播差期。播差期根据两个亲本的生育期特性和理想花期相遇的标准确定，不同的组合由于亲本的差异，播差期不同。要确定一个组合适宜的播差期，首先必须对该组合的亲本进行分期播种试验，了解亲本的生育期和生育特性的变化规律。在此基础上，可采用时差法（又叫生育期法）、叶（龄）差法、（积）温差法确定播差期。

要使制种田父母本花期相遇，必须根据两系播种至始穗时间长短的差异，调节好不育系和恢复系的播种期。父母本错期播种通常以第一期不育系（采用三期恢复系的制种田，则以第二期恢复系）做标准计算。制种方案确定时一般采取“差期定大向，积温作参考，叶龄是依据”的原则。

要使繁殖田父母本花期相遇，一般先播不育系，后分两期播种保持系。第一期父本比母本迟播 3～5 d（或在不育系长出 1 片叶左右），第二期迟播 7～9 d（或在不育系长出 2 片叶左右）。

3. 培育适龄分蘖壮秧

确定适宜的播种量，做到稀播、匀播，一般父本采用一段育秧方式的，秧田父本播种量 120 kg/hm^2 左右，母本为 150 kg/hm^2 左右。同时要加强肥水管理，推广应用多效唑或壮秧剂，注意病虫害防治。

（1）确定适宜行比和行向　父本恢复系与母本不育系在同一田块按照一定的比例相间种植，父本种植行数与母本种植行数之比即为行比。杂交水稻制种产量高低与母本群体大小及母本有效穗数有关，因此，扩大行比是增加母本有效穗的重要方法之一。确定行比的原则是在保证父本有足够花粉量的前提下最大限度地增加母本行数。行比的确定主要考虑三个方面：①单行父本栽插，行比为 1∶（8～14）；父本小双行栽插，行比为 2∶（10～16）；父本大双行栽插，行比为 2∶（14～18）。②父本花粉量大的组合制种，则宜选择大行比；反之，应选择小行比。③母本异交能力高的组合可适当扩大行比，反之则缩小行比。

制种田的行向对异交结实有一定的影响。行向的设计应有利于授粉期借助自然风力授粉及有利于禾苗生长发育。通常以东西行向种植为好，有利于父母本建立丰产苗穗结构。

（2）合理密植　由于制种田要求父本有较长的抽穗开花期、充足的花粉量，母本抽穗开花期较短、穗粒数多，因而栽插时对父母本的要求不同，母本要求密植，栽插密度为 10 cm×13.3 cm 或 13.3 cm×13.3 cm，每穴三株或双株，每公顷插基本苗 8 万～12 万株；父本插 2 行，株行距为（16～20）cm×13.3 cm，单植，每公顷插基本苗 6 万～7.5 万株。早熟组合制种，母本每亩插基本苗 10 万～12 万株，父本 2 万～3 万株；中、迟熟组合制种，母本每亩插基本苗 12 万～16 万株，父本 4 万～6 万株。

4. 及时做好花期预测与调节

（1）花期预测的方法　所谓花期预测，是通过对父母本长势、长相、叶龄、出叶速度、幼穗分化进度进行调查分析，推测父母本抽穗开花的时期。花期预测在杂交水稻制种中是非常重要的环节。制种时，必须算准播差期，及早采取措施调节父母本的生育进程，确保花期相遇，提高制种产量。

花期预测的方法较多，不同的生育阶段可采用相应的方法。实践证明，比较适用而又可靠的方法有幼穗剥检法和叶龄余数法。

①幼穗剥检法。就是在稻株进入幼穗分化期剥检主茎幼穗，对父母本幼穗分化进度对比分析，判断父母本能否同期始穗。这是最常用的花期预测方法，预测结果准确可靠。但是预测时期较迟，只能在幼穗分化Ⅱ、Ⅲ期才能确定花期，一旦发现花期相遇不好，调节措施的效果有限。

具体做法是：制种田母本插秧后 25～30 d 起，以主茎苗为剥检对象，每隔 3 d 对不同组合、不同类型的田块选取有代表性的父本和母本各 10～20 株，剥开主茎，鉴别幼穗发育进度。幼穗分化发育时期分为八期，在田间借助放大镜或凭肉眼进行粗略鉴别，各期标准是：Ⅰ期看不见；Ⅱ期苞毛现，白毛尖；Ⅲ期毛丛丛，似火焰；Ⅳ期谷粒现，1 cm；Ⅴ期颖壳分，3.3 cm；Ⅵ期谷半长（或叶枕平、叶全展）；Ⅶ期稻苞现，色微绿；Ⅷ期穗将伸，大肚现。达到父母本花期相遇的标准是：Ⅰ至Ⅲ期父本比母本早一期（倒三叶父本与母本早伸展 1/3 叶），Ⅳ至Ⅵ期母本逐渐赶上父本（倒二叶父本比母本早 1/5～1/4 叶，剑叶父母本同时抽出），Ⅶ至Ⅷ期母本比父本略早。

②叶龄余数法。叶龄余数是主茎总叶片数减去当时叶龄的差数。由于生长后期的气温比较稳定，因此，不论春夏制种或秋制种，制种田中父母本最后几片叶的出叶速度都表现出相对的稳定性。同时，叶龄余数与幼穗分化进度的关系较稳定，受栽培条件、技术及温度的影响较小。根据这一规律，可用叶龄余数来预测花期。该方法预测结果准确，是制种常使用的方法之一。

具体做法是：用主茎总叶片数减去已经出现的叶片数，求得叶龄余数。用公式表示为：

叶龄余数＝主茎总叶片数－伸出叶片数

使用叶龄余数法，首先应根据品种的总叶片数和已伸展叶片数判断新出叶是倒四叶，还是倒三叶，然后确定叶龄余数；再根据叶龄余数判断父母本的幼穗分化进度，分析两者对应关系，估计始穗时期。

(2)花期调节　花期调节是杂交水稻制种中特有的技术环节，是在花期预测的基础上，对花期不遇或者相遇程度差的制种田块，采取各种栽培管理措施或特殊的方法，促进或延缓父母本的生育进程，达到父母本花期相遇之目的。

花期调节的原则是：以促为主，促控结合；以父本为主，父母本相结合。调节花期宜早不宜迟，以幼穗分化Ⅲ期前采用措施效果最好。主要措施有：

①农艺措施调节法。采取各种栽培措施调控亲本的始穗期和开花期。具体包括肥料调节法、水分调节法、密度（基本苗）调节法、秧龄调节法和中耕调节法。

②激素调节法。用于花期调节的激素主要有赤霉素、多效唑以及其他一些复合型激素。激素调节必须把握好激素施用的时间和用量，才有好的调节效果，否则不但无益，反而会造成对父母本高产群体的破坏和异交能力的降低。

③拔苞拔穗法。花期预测发现父母本始穗期相差 5～10 d，可以在早亲本的幼穗分化Ⅶ期和见穗期，采取拔苞穗的方法，促使早抽穗亲本的迟发分蘖成穗，从而推迟花期。拔苞（穗）应及时，以便使稻株的营养供应尽早地转移到迟发分蘖成穗上，从而保证更多的迟发蘖成穗。被拔去稻苞（穗）一般是比迟亲本的始穗期早 5 d 以上的稻苞（穗），主要是主茎穗与第一次分蘖穗。若采用拔苞拔穗措施，必须在幼穗分化前期重施肥料，培育出较多的迟发分蘖。

5. 科学使用赤霉素

水稻雄性不育系在抽穗期植株体内的赤霉素含量水平明显低于雄性正常品种，穗颈节不能正常伸长，常出现抽穗卡颈现象。在抽穗前喷施赤霉素，提高植株体内赤霉素的含量，可以促进穗颈节伸长，从而减轻不育系包颈程度，加快抽穗速度，使父母本花期相对集中，提高异交结实率，还可增加种子粒重。所以，赤霉素的施用已成为杂交水稻制种高产的最关键技术。喷施赤霉素应掌握“适时、适量、适法”。具体技术要求如下：

赤霉素喷施的适宜时期在群体见穗前 1～2 d 至见穗 50%，最佳喷施时期是见穗 5%～10%。一天中的最适喷施时间在上午 9 时前或下午 4 时后；中午阳光强烈时不宜喷施；遇阴雨天气，可在全天任何时间抢晴喷施；喷施后 3 h 内遇降雨，应补喷或在下次喷施时增加适用量。赤霉素一般分 2～3 次喷施，在 2～3 d 内连续喷施。抽穗整齐的田块喷施次数少，有 2 次即可。抽穗不整齐的田块喷施次数多，需 3～4 次。分次喷施赤霉素时，其剂量是不同的，原则是"前轻、中重、后少"，要根据不育系群体的抽穗动态决定。如分 2 次喷施，每次的用量比为 2∶8 或 3∶7；分 3 次喷施，每次的用量比为 2∶6∶2 或 2∶5∶3。喷施赤霉素最好选择晴朗无风的天气进行，要求田间有 6 cm 左右的水层，喷雾器的喷头离穗层 30 cm 左右，雾点要细，喷洒均匀。用背负式喷雾器喷施，对水量为 180～300 kg/hm^2；用手持式电动喷雾器喷施，兑水量只需 22.5～30 kg/hm^2。

6. 严格除杂去劣

为了保证生产的杂交种子能达到种用的质量标准，制种全过程中，在选用高纯度的亲本种子和采用严格的隔离措施基础上，还应做好田间的去杂去劣工作。要求在秧田期、分蘖期、始穗期和成熟期进行，根据三系的不同特征，把混在父母本中的变异株、杂株及病劣株全部拔除。特别是抽穗期根据不育系与保持系有关性状的区别，将可能混在不育系中的保持系去除干净。

7. 辅助授粉

水稻是典型的自花授粉作物，在长期的进化过程中，形成了适合自交的花器和开花习性。恢复系有典型的自交特征，而不育系丧失了自交功能，只能靠异花授扮结实。因此，杂交水稻制种必须进行人工辅助授粉。人工辅助授粉的方法，目前主要有绳索拉粉法、单竿赶粉法(适合单行、双行父本栽插方式的制种田采用)和双竿推粉法(只适宜在双行父本栽插方式的制种田采用)。除了这 3 种人工赶粉方法，目前生产上也可利用植保无人机进行辅助授粉，可使作业效率提高 20 倍以上，促进制种的机械化和规模化。

水稻不仅花期短，而且一天内开花时间也较短，一天内只有 1.5～2 h 的开花时间，且在上午、中午。不同组合每天开花时间有差别，利用人工辅助授粉每天次数大体相同，一般为 3～4 次，原则是有粉赶、无粉止。利用无人机辅助授粉每天的有效授粉时间约 30 min，授粉 2～3 次，相比人工授粉，无人机辅助授粉能大大降低劳动强度，节约人工成本，并保证授粉的效率和质量。

8. 适时收割

杂交水稻制种由于使用激素较多，部分不育系种子颖壳闭合不紧，容易吸湿导致穗上发芽，影响种子质量。因此，在授粉后 22～25 d，种子成熟时，应抓住有利时机及时收割，确保种子质量和产量，避免损失。收割时应先割父本及杂株，确定无杂株后再收割母本。在收、晒、运、贮过程中，要严格遵守操作规程，做到单收、单打、单晒、单藏；种子晒干后包装并写明标签，不同批或不同组合种子应分开存放。

(二)两系杂交水稻制种技术

两系制种与三系制种最大差别在于不育系的差别。两系制种的不育系育性受一定的温、光条件控制，目前所用的光(温)敏核不育系，一般在大于 13.45 h 的长日照和日平均温度高于 24℃的条件下表现为雄性不育；当日照长度小于 13.45 h 和日平均温度低于 24℃时，不育系的育性发生变化，由不育转为可育，自交结实，不能制种，只能用于繁殖。光(温)敏核不育系因受光、温的严格限制，一般只能在气候适宜的季节制种，而不能像“三系”那样，春、夏、秋季都可以制种。但两系制种和三系制种母本都是靠异交结实，其制种原理是一样的，所以两系制种完全可以借用三系制种的技术和成功经验。在两系制种时，根据光(温)敏核不育的特点，抓好以下技术措施：

1. 选用育性稳定的光(温)敏核不育系

两系制种时，首先要考虑不育系的育性稳定性，选用在长日照条件下不育的下限温度较低，短光照条件下可育的上限温度较高，光敏温度范围较宽的光(温)敏核不育系。如粳型光敏核不育系 N5088S、7001S、31111S 等，在长江中下游的平原和丘陵地区的长日照条件下，都有 30 d 左右的稳定不育期，在这段不育期制种，风险较小。温敏型的籼型核不育系培矮 64S，由于它的育性主要受温度的控制，对光照的长短要求没有光敏型核不育系那么严格，只要日平均温度稳定在 23.3℃以上，不论在南方或北方稻区制种，一般都能保证制种的种子纯度。但这类不育系在一般的气温条件下繁殖产量较低。

2. 选择最佳的安全抽穗扬花期

由于两系制种的特殊性，对两系父母本的抽穗扬花期的安排要特别考虑，不仅要考虑开花时天气的好坏，而且必须使母本处在稳定的不育期内抽穗扬花。

不同的母本稳定不育的时期不同，因此要先观察母本的育性转换时期，在稳定的不育期内选择最佳开花天气，即最佳抽穗扬花期，然后根据父母本播种到始抽穗期经历的时长推算出父母本的播种期。

例如，母本播种到始抽穗期为 105 d，父本播种到始抽穗期为 113 d，父母本的抽穗扬花期定到 8 月 13 日左右，则父本播种期应为 4 月 25 日左右，母本播种期应为 5 月 3 日左右，父母本的播期差 8 d 左右，叶差 1.5 片叶。

籼、粳“两系”制种播期差的参考依据有所不同。籼“两系”制种以叶龄差为主，同时参考时差和有效积温差。粳“两系”制种的播期差安排主要以时差为主，同时参考叶龄差和有效积温差。

3. 强化父本栽培

就当前应用的几个“两系”杂交组合父母本的特性来看，强化父本栽培是必要的。一方面强化父本增加父本颖花数量，增加花粉量，有利受精结实。另一方面“两系”制种中的父本有不利制种的特征。强化父本栽培的具体方法有：

(1)强化父本壮秧苗的培育　父本壮秧苗培育最有效的措施是采用两段育秧或旱育秧。两段育秧可根据各制种组合的播种期来确定第一段育秧时间，第一段秧采取室内或室外场地育小苗。苗床按 350～400 g/m^2 种子的播量，播匀，用渣肥或草木灰覆盖种子，精心管理，在二叶一心期及时寄插，每穴插 2～3 株幼苗，寄插密度根据秧龄的长短来定，秧龄短的可按 10 cm×10 cm 规格寄插，秧龄长的用 10 cm×13.3 cm 规格寄插。加强秧田肥水管理，争取每株谷苗带蘖 2～3 个。

(2)对父本实行偏肥管理　移栽到大田后，对父本实行偏肥管理。父本移栽后 4～6 d，施尿素 45～60 kg/hm^2，7 d 后，分别用尿素 45 kg/hm^2、磷肥 30～60 kg/hm^2、钾肥 45 kg/hm^2 与细土 750 kg 一起泥合做成球肥，分两次深施于父本田，促进早发稳长，达到穗大粒多、总颖花多和花粉量大的目的。在对父本实行偏肥管理的同时，也不能忽视母本的管理，做到父母本平衡生长。

4. 去杂去劣,保证种子质量

两系制种比起三系制种要更加注意种子防杂保纯,因为它除生物学混杂、机械混杂外,还有自身育性受光温变化、栽培不善、收割不及时等导致自交结实的混杂,即同一株上产生杂交种和不育系种子。

(1)利用好稳定的不育性期　将光(温)敏核不育系的抽穗扬花期尽可能地安排在育性稳定的前期,以拓宽授粉时段,避免育性转换后同一株上产生两类种子。如果是光(温)敏核不育系的幼穗分化期,遇上了连续几天低于 23.5℃的低温时,应采用化学杀雄的辅助方法来控制由于低温引起的育性波动,达到防杂保纯的目的。

(2)高标准培育"早、匀、齐"的壮秧　通过培育壮秧,以期在大田早分蘖、多分蘖、分蘖整齐,并且移栽后早管理、早晒田,促使抽穗整齐,避免抽穗不齐而造成的自身混杂。

5. 适时收割

一般来说在母本齐穗 25 d 时,已完全具备了种子固有的发芽率和容重。因此。在母本齐穗 25 d 左右,要抢晴收割,使不育系植株地上节长出的分蘖苗不能正常灌浆结实,从而避免造成自身混杂。

四、作业

1. 制种田花期预测结果记录。
2. 根据制种全过程的实践及制种产量写成总结报告。

技能训练 2-7　田间调查记载及测产

一、训练目的

水稻大田,考查学生对水稻生产相关知识的掌握及综合运用能力。常规稻的产量目标指标每亩 500 kg 左右。

二、训练工具及材料

基地试验田。

三、训练内容

按技能训练 2-4　附加技能训练　水稻生产发育特性的观察的内容和标准,将田间调查数据进行规范记载。

四、水稻田间记载标准

(一)秧田

播种期。

(二)本田

(1)基本苗(苗数/亩) 返青后,选有代表性的 3～5 点。每点 20 蔸,数其苗数,求出每蔸平均数,然后计算出每亩的基本苗数。

$$\text{基本苗(苗数/亩)}=\text{每蔸苗数}\times\text{每亩蔸数}$$

(2)总苗数(苗数/亩) 在晒田前,确定每亩多少苗数(主茎和分蘖),确定晒田时间。测算方法与测算基本苗方法相同。

(3)有效分蘖率 定点观察,在出现最高分蘖数时,测算最高苗数,成熟调查成穗数(凡结实数在 5 粒以上杂交稻 10 粒以上的穗子),包括螟虫为害成穗以及穗颈稻瘟病穗。

$$\text{有效分蘖率}=\frac{\text{平均每蔸有效穗数}}{\text{平均每蔸最高苗数}}\times 100\%$$

(4)单株分蘖率$=\dfrac{\text{最高苗数}-\text{基本苗}}{\text{基本苗}}\times 100\%$

(5)株高 黄熟初期,随意取有代表性的 10～20 植株,自地面量至大多数穗子的穗顶(不连芒的长度,以 cm 表示,求出平均数)。

(6)倒伏情况 分直立(0～5°)、倾(15°～45°)、倒(45°～穗头伏地)、伏(全部伏地)四级。

五、水稻田间记载表(表 2-7-1 至表 2-7-6)

表 2-7-1 水稻育秧情况记载表

秧田前作(品处、收获期、产量):

<table>
<tr><td colspan="3" rowspan="4">耕整情况</td><td>次 第</td><td>日 期</td><td>深 度</td><td>方 法</td></tr>
<tr><td></td><td></td><td></td><td></td></tr>
<tr><td></td><td></td><td></td><td></td></tr>
<tr><td colspan="4"></td></tr>
<tr><td colspan="3" rowspan="2">作厢</td><td>厢宽/cm</td><td>厢沟宽/cm</td><td>厢沟深/cm</td><td>腰沟围沟宽深度</td></tr>
<tr><td></td><td></td><td></td><td></td></tr>
<tr><td colspan="3" rowspan="2">播种</td><td>播 期</td><td>播量/(kg/亩)</td><td></td><td></td></tr>
<tr><td></td><td></td><td></td><td></td></tr>
<tr><td rowspan="4">施肥</td><td colspan="2">类别</td><td>日 期</td><td>种 类</td><td>数 量</td><td>施肥方法</td></tr>
<tr><td colspan="2">基肥</td><td></td><td></td><td></td><td></td></tr>
<tr><td rowspan="2">追肥</td><td>1</td><td></td><td></td><td></td><td></td></tr>
<tr><td>2</td><td></td><td></td><td></td><td></td></tr>
</table>

续表 2-7-1

除草	第一次		第二次		第三次		化学除草	
	日期	方法	日期	方法	日期	方法	日期	方法、除草剂
病虫害防治	病虫名称		发生日期		防治日期		用药名称及浓度：	
水分管理	一叶一心以前		2～3 叶		3～4 叶		4 叶移栽	

表 2-7-2　水稻大田管理情况记载表

品种：　　　　前茬：　　　　土质：　　　　面积：

移栽	日　期		插植规格	每穴苗数	行　向	
施肥	类　别		日　期	种　类	数　量	施用方法
	基　肥					
	追肥	第一次				
		第二次				
		第三次				
		第四次				
水分管理	返青期		分蘖期	晒田时间	孕穗期	灌浆期
中耕除草（时间、方法）	第一次		第二次	第三次	第四次	第五次
病虫防治	病虫名称		发生时期	防治时间	用药名称及浓度	防治效果
倒伏情况	发生时期		倒伏程度			

表 2-7-3　水稻秧苗素质考察表

考察日期：

品种：	播期：	叶龄：
绿叶数/株：	株高/cm：	叶片长/cm：
叶片宽/cm：	叶鞘长/cm：	百株鲜重/g：
百株干重/g：	假茎宽/cm：	总根数/株：
白根数/株：	C/N：	成秧率/%：

表 2-7-4　水稻生育期记载表

播种期：	现青期：	一叶期：
二叶期：	三叶期：	移栽期：
始蘖期：	分蘖期：	拔节期：
孕穗期：	抽穗期：	成熟期：
收割期：	全生育期/d：	

表 2-7-5　水稻主茎叶速度记载表

株号	茎叶情况					
	___月___日	___月___日	___月___日	___月___日	___月___日	___月___日
1						
2						
3						
4						
5						
6						
7						
8						
9						
10						
合计						
平均						
每亩苗数						

表 2-7-6 水稻经济性状考察表

株号	__月__日	__月__日	__月__日	__月__日	__月__日	__月__日	__月__日	__月__日	__月__日
1									
2									
3									
4									
5									
6									
7									
8									
9									
10									
合计									
平均									

附加技能训练　水稻成熟期产量测定和其他性状调查

一、目的

学习和掌握水稻测产及性状调查的方法。

二、内容说明

(一)水稻成熟期产量测定

在水稻收获之前，根据被测产田水稻产量构成因素的差异将其划分为不同等级，再从各等级中选定具有代表性的田块作为测产对象，从各代表性田测得的产量，分别乘以各类田的面积，就可以估算所测地区的当季稻谷产量。代表性田的常用测产方法有两种：

1. 小面积试割法

在大面积测产中，选择有代表性的小田块，进行全部收割、脱粒、称湿谷重，有条件的则送入干燥设备中烘干称重。一般情况下则根据早、晚季稻和收割时天气情况，按 70%～85% 折算干谷或取混合均匀鲜谷 1 kg 晒干算出折合率，并丈量该小田块面积，计算每亩干谷产量。

2. 穗数、粒数、粒重测产法

水稻单位面积产量是每亩有效穗数、每穗平均实粒数和粒重的相乘积，对这三个因子进行调查测定，就可求出理论产量。

选好测产田后，即取样调查，根据田块大小及田间生长状况取样点（调查点），取样点力求具有代表性和均匀分布。常用的取样方法有五点取样法、八点取样法和随机取样法等。当被测田块肥力水平不均，稻株个体差异大时，则采取按比例不均等设置取样点的方法。确定样点后，进行下列步骤进行调查：

（1）求每亩穴数　测定实际穴、行距，在每个取样点上，测量 11 穴稻的横、直距离，分别以 10 除之，求出该取样点的行、穴距，再把各样点的数值进行统计，求出该田的平均行、穴距，再把各样点的数值进行统计，求出该田的平均行、穴距，则求得：

$$\text{每亩实际穴数}=\frac{666.7(\text{m}^2)}{\text{平均行距(m)}\times\text{平均穴距(m)}}$$

当被测田志为抛栽秧时，可用制作规范，面积为 1m^2 的木制方框在样点上框蔸计穴，求出平均每方米实际穴数再乘以 667 即为亩穴数。

（2）调查平衡每穴有效穗数、求每亩穗数　在每个样点上、连续取样 10～20 穴（每亩田一般共调查 100 穴），数记每穴有效穗数（具有 10 粒以上结实谷粒的稻穗才算有效穗），统计出各点及全田的平均每穴穗数，则求得：

$$\text{每亩穗数}=\text{每亩实际穴数}\times\text{每穴平均穗数}$$

（3）调查代表穴的实粒数，求每穗的实粒数　在 1～3 个样点上，每点选取一穴穗数接近该点的平均每穴穗数的稻穴，数记各穴的平均每穗总粒数，统计每穴平均实粒数（可将有效穗脱去谷粒，投入清水中，浮在水面的谷粒为空粒，沉在水底的为实粒），以每穴的总穗数去除总实粒数，得出该点平均每穗实粒数，各点平均，则得出全田平均每穗实粒数。即：

$$\text{每穗实粒数}=\frac{\text{每穴总实粒数}}{\text{每穴有效穗数}}$$

（4）理论产量的计算　根据穗数、粒数调查结果，再按品种及谷粒的充实度估计粒重，一般每千克稻谷 34 000～44 000 粒。

$$\text{每亩产量(kg)}=\frac{\text{每亩穗数}\times\text{每穗实粒数}}{\text{每千克稻谷粒数}}$$

若已知该品种千粒重，则按下式推算产量；

每亩产量(kg)＝[每亩穗数×每穗实粒数×千粒重(g)]/(1 000×1 000)

(二)成熟期产量构成因素和植株主要经济性状调查

结合测产取样,从调查田选取10个代表穴,拔出稻株,拔时注意保持较多的根系,洗去泥土,观察根色,然后小心分株,注意不要把分蘖误作主茎拆出,分株时最好边洗泥边拆开,或洗尽泥土后,用剪刀剪去纠缠在一起的根系。然后按下列“水稻成熟期产量的构成因素和植株性状田间调查表”项目进行调查。调查时先用原始记录表记录,而后计算整理,其项目见表2-7-7。

表2-7-7 水稻成熟期产量的构成因素和植株性状田间调查表

1. 插植规程/cm	2. 每亩穴数
3. 每穴原插苗数(含主茎和2叶以上的分蘖)	4. 每亩原插苗数/(万/亩)
5. 每穴有效穗数(每穗实粒数在10粒以上为有效穗)	6. 每亩有效穗数
7. 每穴有效分蘖数	8. 每穴无效主茎数
9. 每亩无效主茎数	10. 分蘖穗率
11. 平均每穗总粒数	12. 平均每穗实粒数
13. 结实率$=\frac{\text{平均每穗实粒数}}{\text{平均每穗总粒数}}\times 100\%$	14. 千粒重/g
15. 理论产量/(kg/亩)	16. 株高/cm
17. 有效茎平均绿叶数	18. 剑叶长(cm)×宽(cm)
19. 剑叶下一叶长(cm)×宽(cm)	20. 剑叶下二叶长(cm)×宽(cm)
21. 剑叶下三叶长(cm)×宽(cm)	22. 谷草比
23. 根系情况(白根比例,老根色泽)	24. 顶三叶与茎秆的夹角

三、材料及用具

钢卷尺、米尺、剪刀、水桶、数粒机(或数粒板)、量角器、计算器,特定面积的框架。

四、作业

根据调查结果,结合栽培管理过程、土壤气候条件,评价被测田的栽培技术。

技能训练2-8 收获与考种

一、训练目标

1. 掌握水稻田间收获时间及方法;
2. 掌握水稻室内考种项目及方法。

二、训练材料与用具

水稻代表性田块、植株、皮尺、直尺、标签、天平、脱粒机、记录本和铅笔等。

三、相关理论依据

(一)水稻收获

(1)去杂去劣　主要依据穗形进行去杂去劣,除防止生物学混杂、机械混杂以外,还要避免收获中人为混杂。

(2)确定适宜收获时间　适时收获对水稻优质高产十分重要。过早收获,未熟粒、青死粒较多,出米率低,蛋白质含量也较低,米饭因淀粉膨胀受限制而变硬,使加工、食味等品质下降。延迟收获,则稻米光泽度差,脆裂多,碎米率增加,垩白趋多,黏度和香味均下降。一般以水稻腊熟末期到完熟初期(稻谷含水量为20%～25%)收获较为适宜。这时,全田有95%谷粒黄熟,仅剩基部少数谷粒带青,穗上部1/3枝梗已经干枯。对不落粒的粳稻类型品种,如在茬口安排上没有矛盾,则可适当"养老稻",以增加粒重。一般南方早籼稻适宜收获期为齐穗后25～30 d,中籼稻为齐穗后30～35 d,晚籼稻为齐穗后40～45 d。不同品种和气候条件下水稻适宜收获期略有差异。

(3)选择晴天露水干后收割　采取合适的收获方法,人工收获或机械收获均可。收获后及时晒干和风选入库。

(二)水稻室内考种项目

(1)株高　基部至主穗主轴顶端(不记芒)的长度,单位cm。

(2)有效分蘖数　主穗以外的结实分蘖数。

(3)主穗长　主穗穗茎节至穗顶(不连芒)的长度,单位cm。

(4)一级枝梗数　主穗一级枝梗数。

(5)每株小穗数　主穗和有效分蘖穗的小穗数之和。

(6)结实小穗数　全株结实(不含瘪粒)小穗数。

(7)结实率　结实小穗数/每株小穗数×100%

(8)芒　分有、无记载。

(9)落粒性　分难、中、易记载。

(10)每株粒重　全株实收粒重(不含空、瘪粒),单位g。

(11)米色　分红、白和黑3种。

(12)千粒重　随机取1000粒干谷称重(g),取样3次,计算平均值。

四、训练内容

1. 水稻收获

①根据种子收获时期确定方法,鉴定水稻种子的成熟时期,确定收获适期。

②根据水稻特点确定收获方法,人工收获要选用相应的收获方法和收获工具,收获时要防止人为混杂。

③田间实地完成一定面积的种子田收获任务。杂交制种田要先收父本或处理掉父本后，再收母本，必须分收、分放，并作好标记，严防父母本混杂，严防与其他品种、作物混杂，常规作物制种田作物收获时可先去一遍杂后再收获。

2. 水稻室内考种

(1)确定考种项目　根据实验要求、目的，确定相应的考种项目。

(2)正确考种　根据目的要求，正确地进行考种，并对考种结果真实准确地加以记载，以备数据分析。

(3)数据分析　根据记载的考种结果，对数据进行整理并加以分析，为正确评定品种提供依据。

五、作业

1. 制定水稻种子收获方案，按要求识别并去除杂株，对水稻种子收获晾晒，确保种子安全贮藏；

2. 通过实训，使学生能够根据水稻的室内考种项目，每人进行实地考种 3 株(或穗)，并将考种结果按表 2-8-1 登记。

表 2-8-1　水稻优良单株室内考种表

株号	株高/cm	穗长/cm	芒长/cm	每株小穗数	结实小穗数	结实率/%	每株粒重/g	千粒重/g	米色
1									
2									
3									
平均值									

技能训练 2-9　种子检验

技能训练 2-9-1　种子田间检验

一、训练目标

1. 掌握水稻的田间检验方法和程序；

2. 观察不同品种的植株、穗部或子粒性状，并熟练鉴定品种的主要性状。

二、训练材料与用具

水稻种子田、米尺、镊子、放大镜、铅笔、记录本、标签等。

三、训练内容

(一)田间检验时期

在品种典型性状最明显的时期进行,具体时期见表 2-9-1-1。

表 2-9-1-1 主要大田作物品种纯度田间检验时期

作物种类	检验时期			
	第一期		第二期	第三期
	时期	要求	时期	时期
水稻	苗期	出苗 1 个月内	抽穗期	腊熟期
小麦	苗期	拔节期	抽穗期	腊熟期
玉米	苗期	出苗 1 个月内	抽穗期	成熟期
花生	苗期		开花期	成熟期
棉花	苗期		现蕾期	结铃盛期
谷子	苗期		穗花期	成熟期
大豆	苗期	2～3 片真叶	开花期	结实期
油菜	苗期		薹花期	成熟期

(二)基本情况调查

1. 了解基本情况

田间检验前应全面了解品种的特征、特性;作物种类、品种、种子类别(等级);种子田位置、种子田编号、面积;前茬作物情况;播种的种子标签、种子来源、种子世代;栽培管理情况等。

2. 隔离情况检查

依据种子田(包括周围田块)的分布图,围绕种子田绕行一圈,检查隔离情况。若种子田与花粉污染源的隔离距离达不到要求,必须采取措施消灭污染源,或淘汰达不到隔离条件的部分田块。部分作物种子生产田隔离距离要求见表 2-9-1-2。

表 2-9-1-2 种子生产田隔离举例要求

作物及类别		空间隔离/m	依据规定
水稻	常规种、保持系、恢复系	20～50	GB/T 17314—2011
	不育系	500～700	GB/T 17314—2011
	制种田	200(籼稻),500(粳稻)	GB/T 17314—2011
玉米	自交系	500	GB/T 17315—2011
	制种田	300	GB/T 17315—2011
小麦	常规种	25	GB/T 17315—2011
棉花	常规种	25	
大豆	常规种	2	
西瓜	杂交种	不要求	套袋授粉
油菜	原种	800	中国习惯,OECD 种子认证方案要求原种生产 100 m
	杂交种		

3. 品种真实性检查

绕田行走核查树立在田间地头的标签或标牌,了解种子来源的详细情况。实地检查不少于 100 个穗或植株,确认其真实性与品种描述中所给定的品种特征特性一致。

4. 种子田生长状况检查

对种子田的状况进行总体评价,确定是否有必要进行品种纯度的详细检查。对于严重倒伏、杂草危害或另外一些原因引起生长不良的种子田,不能进行品种纯度评价,而应该被淘汰。当种子田处于中间状态时,检验员可以使用田间小区鉴定结果作为田间检验的补充信息。

(三)取样

1. 确定样区频率

同一品种、同一来源、同一繁殖世代、耕作制度和栽培管理相同而又连在一起的地块可划分为一个检验区。为了评定品种纯度,必须遵循取样程序,即集中在种子田小范围(样区)进行详细检查。取样程序和方法应能覆盖种子田,有代表性并符合标准要求,还应充分考虑样区大小、样区数目和样区位置及分布。

一般来说,总样本大小应符合 $4N$ 原则。即如果规定的杂株标准为 $1/N$,总样本大小至少应为 $4N$。例如水稻恢复系(R)品种纯度不低于 99.5%,那么其杂株标准为 1/200(即 0.5%),总样本的大小应不少 800 株。对于面积较小常规种子田,每样区至少取 500 株(穗)。样区大小和样区频率应考虑被检作物、地块大小、播种方式,自交或异交等因素,具体要求见表 2-9-1-3。

表 2-9-1-3 种子田样区计数最低频率

面积/hm²	样区最低频率		
	生产常规种	生产杂交种	
		母本	父本
<2	5	5	3
3	7	7	4
4	10	10	5
5	12	12	6
6	14	14	7
7	16	16	8
8	18	18	9
9～10	20	20	10
大于 10	在 20 基础上,每增加 1 hm² 递增 2 个样区	在 20 基础上,每增加 1 递增 2 个样区	在 10 基础上,每增加 1 hm² 递增 1 个样区

2. 确定样区分布

样点的分布要均匀,田块边缘的取样点,离地边至少 5 m。取样样区的位置应覆盖整个种子田。不能故意选择比一般水平好或坏的样区。在实际过程中,先确定两个样区的距离。再要考虑到播种方向,尽可能使每一样区通过不同条播的种子。样区分布见图 2-9-1-1。

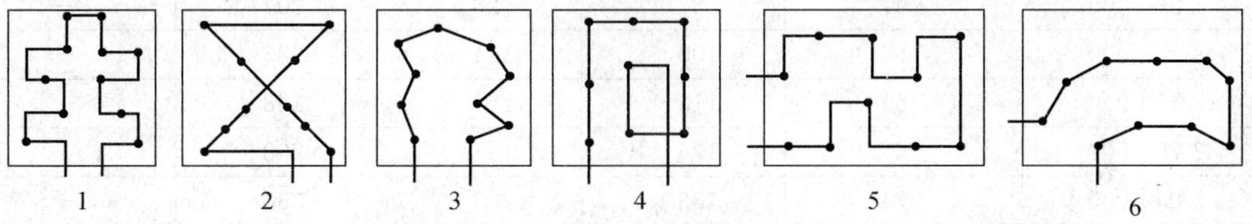

图 2-9-1-1 样区分布

1. 观察 75%的田块 2. 观察 60%～70%的田块 3. 随机观察 4. 顺时针观察
5. 观察 85%的田块 6. 观察 60%的田

3. 确定样区大小

样区大小和模式取决于被检作物种类、田块大小、条播或撒播、自交或杂交及种子田的地理位置等因素。

对于大于 10 hm² 的禾谷类常规种子的种子田,可采用大小为 1 m 宽、20 m 长,面积 20 m²,每区至少含 500 穗(株)与播种方向成直角的样区。

对于生产杂交种的种子田,应将父母本行视为不同的“田块”,分别检查和计数。水稻杂交制种田每样区 500 株。

(四)分析检验

通常是边设点边检验,直接在田间进行分析鉴定,在熟悉供检品种特征特性的基础上逐株观察，最好有标准样品做对照。尽量避免在阳光强烈、刮风、大雨的天气下进行检查。每点分析结果按本品种、异品种、异作物、杂草、感染病虫株(穗)数分别记载，同时注意观察植株田间生长等是否正常。杂交制种田还应检查记录杂株散粉率及母本雄性不育的质量。

(五)结果计算和表示

对于品种纯度＞99.0%或每公顷＜100 万株(穗)的种子田，需要采用淘汰值。淘汰值是考虑种子生产者利益和有较小失误的基础上，把在一个样本内观察到的变异株数与标准比较，作出符合要求的种子批或淘汰该种子批的决定。对于育种家种子、原种是否符合要求，可利用淘汰值确定。如果变异株≥淘汰值，就应淘汰该种子批。不同规定标准与不同样本大小的淘汰值见表 2-9-1-4。

表 2-9-1-4　总样区面积为 200 m² 在不同品种纯度标准下的淘汰值

估计群体	品种纯度标准				
每公顷植株(穗)数	99.9%	99.8%	99.7%	99.5%	99.0%
	200 m² 样区的淘汰值				
60 000	4	6	8	11	19
80 000	5	7	10	14	24
600 000	19	33	47	74	138
900 000	26	47	67	107	204
1 200 000	33	60	87	138	—
1 500 000	40	73	107	171	—
1 800 000	47	87	126	204	—
2 100 000	54	100	144	235	—
2 400 000	61	113	164	268	—
2 700 000	67	126	183	298	—
3 000 000	74	139	203	330	—
3 300 000	81	152	223	361	—
3 600 000	87	165	243	393	—
3 900 000	94	178	261	424	—

要查淘汰值，应计算群体株(穗)数，行播作物数穗不数株数，用以下公式计算每公顷植株(穗)数：

$$p=\frac{1\ 000\ 000\ M}{W}$$

式中，p 为每公顷植株(穗)总数；M 为 1 m 行长的株(穗)数平均值；W 为行宽(cm)。

撒播作物，则计数 0.5 m² 面积中的株数。撒播每公顷植株(穗)数用以下公式计算：

$$p=2\ 000\times N$$

式中，p 为每公顷植株(穗)总数；N 为每样区内 0.5 m² 面积的株(穗)数的平均值。

根据群体数，从表 2-9-1-4 查出相应的淘汰值。将各个样区观察到的杂株相加，与淘汰值比较，做出接受或淘汰种子田的决定。假如 200 m^2 样区内发现的杂株数≥淘汰值，就可淘汰该种子田。

1. 杂株率

对于品种纯度<99.0%或每公顷>100 万株(穗)的种子田，没有必要采用淘汰值。直接计算杂株率，并与标准值比较。主要农作物田间杂株率和散粉株率见表 2-9-1-5。

表 2-9-1-5 主要农作物田间杂株率和散粉株率 %

<table>
<tr><th colspan="2">作物名称</th><th colspan="2">类别</th><th>田间杂株(穗)率不高于</th><th>散粉株率不超过</th></tr>
<tr><td rowspan="6">水稻</td><td rowspan="2">常规种</td><td colspan="2">原种</td><td>0.08</td><td>—</td></tr>
<tr><td colspan="2">大田用种</td><td>0.1</td><td>—</td></tr>
<tr><td rowspan="2">不育系、保持系、恢复系</td><td colspan="2">原种</td><td>0.01</td><td>—</td></tr>
<tr><td colspan="2">大田用种</td><td>0.08</td><td>—</td></tr>
<tr><td rowspan="2">杂交种</td><td rowspan="2">大田用种</td><td>父本</td><td>0.1</td><td rowspan="2">任何一次花期检查 0.2%或两次花期检查累计 0.4%</td></tr>
<tr><td>母本</td><td>0.1</td></tr>
<tr><td rowspan="6">玉米</td><td rowspan="2">自交系</td><td colspan="2">原种</td><td>0.02</td><td>—</td></tr>
<tr><td colspan="2">大田用种</td><td>0.5</td><td>—</td></tr>
<tr><td rowspan="2">亲本单交种</td><td rowspan="2">原种</td><td>父本</td><td>0.1</td><td rowspan="2">任何一次花期检查 0.2%或三次花期检查累计 0.5%</td></tr>
<tr><td>母本</td><td>0.1</td></tr>
<tr><td rowspan="2">杂交种</td><td rowspan="2">大田用种</td><td>父本</td><td>0.2</td><td rowspan="2">任何一次花期检查 0.5%或三次花期检查累计 1%</td></tr>
<tr><td>母本</td><td>0.2</td></tr>
<tr><td rowspan="3">油菜</td><td rowspan="2">亲本</td><td colspan="2">原种</td><td>0.1</td><td>—</td></tr>
<tr><td colspan="2">大田用种</td><td>2</td><td>—</td></tr>
<tr><td>杂交种</td><td colspan="2">大田用种</td><td>0.1</td><td>—</td></tr>
<tr><td colspan="2" rowspan="2">小麦</td><td colspan="2">原种</td><td>0.1</td><td>—</td></tr>
<tr><td colspan="2">大田用种</td><td>1</td><td>—</td></tr>
</table>

$$\text{杂株率}=\frac{\text{样区内杂株数}}{\text{样区内供检本作物株数}}\times 100\%$$

如果是杂交作物种子田计算品种纯度时，还需计算父母本杂株散粉率和母本散粉株率，按以下公式计算：

$$\text{母本散粉株率}=\frac{\text{母本散粉株数}}{\text{供检母本总株数}}\times 100\%$$

$$\text{父(母)本散粉杂株率}=\frac{\text{父(母)本散粉杂株数}}{\text{供检父(母)本总株数}}\times 100\%$$

2. 感病(虫)株、异作物、杂草率计算

$$\text{病(虫)感染率}=\frac{\text{感染病(虫)株(穗)数}}{\text{供检本作物总株(穗)数}}\times 100\%$$

$$\text{异作物率}=\frac{\text{异作物株(穗)数}}{\text{供检本作物总株(穗)数}+\text{异作物株(穗)数}}\times 100\%$$

$$\text{杂草率}=\frac{\text{杂草株(穗)数}}{\text{供检本作物总株(穗)数}+\text{杂草株(穗)数}}\times 100\%$$

(六)检验报告

田间检验员完成检验工作后要及时认真仔细填报田间检验报告单,按表 2-9-1-6 和表 2-9-1-7 登记。

四、作业

能够正确进行田间检验,并按要求填写田间检验结果单,按表 2-9-1-6 和表 2-9-1-7 登记。

表 2-9-1-6 农作物常规种子田田间检验结果单

繁殖单位				
作物名称			品种名称	
繁殖面积			隔离情况	
取样点数			取样总株(穗)数	
田间检验结果	品种纯度/%		杂草/%	
	异品种/%		病虫感染/%	
	异作物/%			
田间检验结果建议或意见				

检验单位(盖章): 检验员: 检验日期: 年 月 日

表 2-9-1-7 农作物杂交种子田田间检验结果单

繁殖单位				
作物名称			品种(组合)名称	
繁殖面积			隔离情况	
取样点数			取样总株(穗)数	
田间检验结果	父本杂株率/%		母本杂株率/%	
	母本散粉株率/%		异作物/%	
	杂草/%		病虫感染/%	
田间检验结果建议或意见				

检验单位(盖章): 检验员: 检验日期: 年 月 日

附加技能训练 水稻田间检验依据的主要性状

一、茎秆性状

1. 茎秆长度

测量从茎基部到穗颈节的长度，精确到 0.1 cm。50 cm 以下为短、50.1～70.0 cm 为中短、70.1～90.0 cm 为中、90.1～110.0 cm 为中长、110.1 cm 以上为长。在灌浆期，颖果水样成熟时观测主茎茎秆。

2. 茎秆粗细

用游标卡尺测量植株茎秆倒 3 节中部的外径，计算大直径和小直径的平均值，精确到 0.1 mm。3.0 mm 以下为细、3.0～6.0 mm 为中、6 mm 以上为粗。在灌浆期，颖果水样成熟时观测主茎中部。

3. 茎秆角度

在灌浆期，颖果水样成熟时观测有效茎，目测茎秆与铅垂线间的角度。30°以下为直立、30°～45°为中间型、45°～60°为散开、60°以上为披散、茎秆或茎秆下部平铺于地面为匍匐。

4. 茎秆数

指单株成穗茎数，5 以下为极少、5～10 为少、11～15 为中、16～20 为多、20 以上为极多。

5. 茎秆节的颜色

分浅绿、紫色。在开花期，开花结束时观测主茎倒二茎节。

6. 茎秆节间色

分黄色、绿色、红色、紫色线条、紫色。在开花期，开花结束时观测主茎倒二茎节间。

二、叶部性状

1. 叶姿

分弯、中、直三级（弯：叶片由茎部弯垂超过半圆形；直：叶片直生挺立；中：介于弯和直之间）。

2. 剑叶叶片长度

在灌浆期，颖果水样成熟时测量主茎剑叶叶枕处到叶尖的长度。0.1～20 cm 以下为极短、20.0～25.0 cm 为短、25.1～35.0 cm 为中、35.1～45.0 cm 为长、45.0 cm 以上为极长。

3. 剑叶叶片宽度

在颖果水样成熟时测量主茎剑叶最宽处的宽度，精确至 0.1～1.0 cm 为窄、1.0～2.0 cm 为中、2.0 cm 以上为宽。

4. 剑叶叶片角度

在灌浆期观测主茎剑叶和穗轴。分直立、中间类型、平展、披垂。

5. 叶片色

分为深绿、绿、浅绿、边缘紫色、紫色斑点、紫色。在孕穗期或穗膨大期观测。

6. 芽鞘色

白色、绿色、紫红色、深紫色。光照条件下发芽，待芽鞘出现颜色后观察。

7. 叶鞘色

分为绿、紫色线条、紫色、深紫色。在分蘖盛期，约有 6 个分蘖时观测叶鞘外部。

三、穗部性状

1. 穗伸出度

(1)紧包　穗部分或完全被包在剑叶叶鞘内。

(2)部分抽出　穗基部略在剑叶叶枕之下。

(3)正好抽出　穗基部至剑叶叶枕间的距离为 0.0～2.1 cm。

(4)抽出较好　穗基部至剑叶叶枕间的距离为 2.2～8.5 cm。

(5)抽出良好　穗基部现露在剑叶叶枕之上，穗茎部至剑叶叶枕间的即离超过 8.5 cm。

2. 穗类型

分密集、中等、散开。在蜡熟期观测主茎稻穗的分枝模式、一次枝梗的角度和小穗的密集程度。

3. 穗直立类型

分直立、中间、下垂。在成熟期，颖果坚硬，末端小穗成熟时观测主茎穗轴的直立程度。

4. 穗长度

在蜡熟期测量主茎稻穗颈节到穗顶的长度(不包括芒)。11.0 cm 以下为极短、11.0～20.0 cm 为短、20.1～30.0 cm 为中、30.1～40.0 cm 为长、40.0 cm 以上为极长。

5. 颖尖色

从颖尖扩展到外颖的上部，分为浅黄色、红色、褐色、紫色。在成熟期，颖果坚硬，末端小穗成熟时观察颖壳尖部。

6. 最长芒的长度

在成熟初期，颖果坚硬，末端小穗成熟时测量稻穗中最长芒的长度。0.5 cm 以下为极短、0.5～2.0 cm 为短、2.1～3.5 cm 为中、3.6～5.0 cm 为长、5.0 cm 以上为特长。

7. 芒色

分浅黄色、黄色、红色、褐色、紫色、黑色。

8. 每穗粒数

60 以下为极少、60～100 为少、101～200 为中、201～300 为多、300 以上为极多。成熟期，颖果坚硬，80%以上小穗成熟时计数主茎稻穗每穗总粒数，包括实粒数、空秕粒数和落粒数。

9. 花粉不育度

分不完全败育、完全败育。

10. 柱头颜色

分白色、黄色、浅绿、紫色。

11. 结实率

在成熟期，颖果坚硬，80%以上小穗成熟时。观测主茎稻穗计算发育良好的小穗(包括落粒)占总小穗数的百分比。0 为不结实、1～64 为低、65～80 为中、81～90 为高、90 以上为极高。

四、谷粒性状

(1)护颖色 分白色、浅黄、红色、紫色、紫黑色。在成熟期,颖果坚硬,80%以上小穗成熟时观测护颖。

(2)颖壳色 分浅黄、黄色、色斑、红褐色、褐色、紫黑色等。观测时期同护颖色。

(3)谷粒长宽比 1.80 以下为短圆形、1.81～2.20 为阔卵圆形、2.21～3.30 为椭圆形、3.30 以上为细长形。

(4)谷粒千粒重 20.0 g 以下为极低、20.0～24.0 g 为低、24.1～28.0 g 为中、28.1～35.0 g 为高、35.0 g 以上为极高。

(5)糙米形状 有近圆形、椭圆形、半纺锤形、纺锤形、锐尖纺锤形。

(6)种皮色 分浅黄色、色斑、红色、褐色、紫色。

五、主要性状

(1)营养生长期 第二蓬叶的叶耳花青苷颜色。

(2)开花期 抽穗时间(50%抽穗)、小穗柱头颜色、除花序外的茎长度。

六、次要性状

1. 营养生长期

叶颜色、叶花青苷颜色的分布、第二蓬叶的叶片茸毛、旗叶的叶片弯曲。

2. 花期

外稃龙骨瓣的花青苷颜色、低于顶的外稃花青苷颜色、外稃顶的花青苷颜色、茎厚度、茎上节的花青苷颜色、花序长度、花序主轴的弯曲、小穗外稃上的茸毛、穗外稃茸毛、小穗外稃顶部的颜色、花序最长芒的长度、花序芒的分布。

3. 成熟期

成熟时间、谷粒 1 000 粒种子重、谷粒长度、谷粒宽度、变色谷粒长度、变色谷粒宽度、变色谷粒形状、变色谷粒颜色、精米白心大小、胚乳类型。

技能训练 2-9-2 种子扦样技术

一、训练目标

1. 熟悉各种扦样器和分样器的构造和使用方法。
2. 掌握种子不同包装形式的扦样器选择类型及扦样方法。
3. 掌握种子批划分方法。

二、训练材料与用具

水稻种子、各种类型扦样器、各种类型分样器、天平、分样板样品袋、标签、手套等。

三、扦样器具与使用方法

针对不同的包装形式,用合适的扦样器,根据扦样要求扦取初次样品。

(一)袋装种子扦样器

1. 单管扦样器及其使用

适用于扦取中小粒种子样品。单管扦样器的管由金属制成,手柄为木制。金属管上有纵形斜槽形切口,管的先端尖锐,管下端略粗与手柄相连,手柄中空,便于种子流出。选择扦样器时应掌握一条原则,即扦样器的长度略短于被扦样器的斜角长度。具体操作规程为:

(1)检查　确定扦样器与盛样器清洁干净,确定种子袋不要超过两货盘高。

(2)扦样方法

具体方法为:扦样时用扦样器的尖端先拨开袋一角的线孔,扦样器凹槽向下,自袋角处尖端与水平成 30°向上倾斜地慢慢插入袋内,直至到达袋的中心;手柄旋转 180°,使凹槽旋转向上,稍稍振动,使种子落入孔内,使扦样器全部装满种子;抽出扦样器,打开孔口,将种子倒入盘内盛样器中;用扦样器尖端在扦孔处拨好扦孔,也可用纸粘好扦孔。

2. 双管扦样器及其使用

双管扦样器适用于较大粒种子。双管扦样器有金属制成的两个圆管形开孔的管子,两管的管壁紧密套合,外管尖端有一实心的圆锥体,便于插入种子,内管末端与手柄链接,便于转动。孔与孔之间有柄壁隔开,向相反方向旋转手柄就可使孔关闭。扦样时应注意切勿过分用力,以免夹破种子。其扦样操作规程为:

(1)检查　确定扦样器与盛样器清洁干净,确定种子袋不要超过两货盘高。

(2)扦样方法

具体方法为:旋转手柄,使孔关闭;扦样时,用扦样器的尖端先拨开袋一角的线孔,自袋角处尖端与水平成 30°向上倾斜地慢慢插入袋内,直至到达袋的中心;手柄旋转 180°,打开孔口稍稍振动,使种子落入孔内,使扦样器完全装满种子;轻轻关闭,拔出扦样器,即可打开孔口,将种子倒入盛样器内;扦样所造成的孔洞,可用扦样器尖端对着孔洞相对方向拨几下,使麻线合并在一起,密封纸袋可用胶布粘贴。

(二)散装种子扦样器

散装扦样时应随机从各部位及深度扦取初次样品。每个部位扦取的数量应大体相等。

1. 长柄短筒圆锥形扦样器

长柄短筒圆锥形扦样器全部由铁制成,分长柄和扦样筒两部分。柄长约 300 cm,由 3～4 节组成,节与之间由螺丝连接,柄长可以调节,依种子堆高而定,最后一节有圆环形手柄。扦样器由圆锥体、套筒、进谷门活动塞和定位鞘等构成。其扦样操作规程为:

(1)检查　确定扦样器与盛样器清洁干净。

(2)扦样方法

具体方法为:关闭进谷门,旋紧螺丝,再以 30°的斜度插入种子堆内;到达一定深度后,用力向上一拉铁轴,使套筒盖升起,使活动塞离开进谷门,略微振动,使种子掉入门内;关闭进谷门,然后抽出扦样器,把种子倒入盛样器中;从不同层次(上、中、下)扦取样品。

2. 圆锥形扦样器

圆锥形扦样器垂直或略微倾斜插入种子堆中,压紧铁轴,使套筒盖盖住套筒,达到一定深度后,拉上铁轴,使套筒盖升起,略微振动,然后抽出扦样器。

四、分样器具与使用方法

常见的分样器有钟鼎式分样器、横格式分样器。

(一)钟鼎式分样器

钟鼎式分样器的构造由漏斗、圆锥体及一组使种子通向两个出口的挡路组成。这些挡路形成相间的凹槽通向一个出口,空格则通向相对的出口。在漏斗底下有一个活门或开关以控制种子。当活门打开时,种子由于重力落到圆锥体上而均匀分布到凹槽及空格内,然后通过出口落到盛接盘内。使用钟鼎式分样器分样的操作规程为:

(1)准备　检查分样器和盛样器清洁干净,确定分样器处于比较坚固的水平表面。

(2)混合　把盛样器放在一边,称为盛样器A和B;把混合样品放入盛样器C,把C的种子放入漏斗,铺平,用手很快拨开活门,使种子迅速下落;把A和B的种子倒入C重新混合,空的盛样器A和B放在分样器的两边,把C再倒入漏斗中;重复以上一步骤2～3次。

(3)分样　经过混合,在分样器漏斗下有A和B,每一个含有混合样品的一半种子。把A中种子放入另一盛放器后再把A放在漏斗下,移去B,用空C来代替;倒B至漏斗,这样A有1/4种子,C有1/4种子;A移到另一混合样品盛放器中(通常有盖),用空盛放器A和B放在漏斗下;把C倒入漏斗中;继续这一过程,直至取得规定重量的送验样品为止。

(二)横格式分样器

横格式分样器适用于大粒种子和有稃壳种子。横格式分样器由一个附有凹槽或格子的漏斗、一个支持漏斗的框架、两个承接盘和一个倾倒盘组成。格子或凹槽长方形,由漏斗通到承接盘,有12～18个凹槽间隔通到相反的方向。使用时,将承接盘、倾倒盘等清理干净,并将其放在合适的位置,把样品倒入倾倒盘摊平,迅速旋转倾倒盘,使种子落入漏斗内,经过格子分两路落入承接盘,即将样品一分为二。

五、训练内容

1. 准备器具

根据被扦作物种类,准备好各种扦样必需的仪器用品,如扦样器、分样器、样品盛放容器、送验样品袋、供水分测定的样品容器、扦样单、标签、封签、天平等。

2. 划分种子批

在扦样前,扦样员应向被扦单位了解种子批的有关情况,并对被扦的种子批进行检查,确定种子批最大重量不超过GB/T 3543.2—1995表1的规定。

(1)检查种子批大小　一批种子数量过大,其均匀度就愈差,要取得一个有代表性的送验样品就愈难,因此种子批有数量方面的限制。检查种子批的袋数和每袋种子的重量,由此确定其总重量,再与规定的种子批最大重量(容许差距为5%)进行比较。如果种子批重量超过规定要求,就必须分成两个或若干个种子批,分别给予不同的批号以便识别,并分别扦样。

(2)种子批处于便于扦样状态　被扦的种子批的堆放应便于扦样,扦样人员至少能靠近种子批堆放的两个面进行扦样,如果达不到这一要求,必须移动种子袋。

(3)检查种子袋封口和标识　所有的种子袋都必须封口(封缄),并有统一编号的批号或编码的标签，此标识必须记录在扦样单或样品袋上。

(4)检查种子批均匀度　确信种子批已经过适当的混合、掺匀和加工，尽可能达到均匀一致。不能有异质性的文件记录或迹象。如有怀疑，可按规定的异质性测定方法进行测定。

3. 扦取初次样品

扦取初次样品的频率(通常称为点数)，要根据扦样容器(袋)的大小和类型而定，主要分为袋装种子、小包装种子、散装种子或种子流、包衣种子等几种情况。

根据种子种类、包装的容器选择适宜的方法和扦样器扦取初次样品。

(1)袋装扦样法　根据种子批袋装(或容量类似二大小一致的其他容器)的数量确定扦样袋数，表 2-9-2-1 的扦样袋数应作为最低要求。

表 2-9-2-1　袋装的扦样袋(容器)数

种子批的袋数(容器数)	扦取的最低袋数(容器数)	种子批的袋数(容器数)	扦取的最低袋数(容器数)
1～5	每袋都扦取，至少扦取 5 个初次样品	50～400	每 5 袋至少扦取 1 袋
6～14	不少于 5 袋	401～560	不少于 80 袋
15～30	每 3 袋至少扦取 1 袋	561 以上	每 7 袋至少扦取 1 袋
31～49	不少于 10 袋		

如果种子装在小容器(如金属罐、纸盒或小包装)中，用下列方法扦取。

100 kg 种子作为扦样的基本单位。小容器合并组成的重量为 100 kg 的作为一个“容器”(不得超过此重量)，如小容器为 20 kg，则 5 个小容器为一“容器”，并按表 2-9-2-1 规定进行扦样。

袋装(或容器)种子堆垛存放时，应随机选定取样的袋，从上、中、下各部位设立扦样点，每个容器只需扦一个部位。不是堆垛存放时，可平均分配，间隔一定袋数扦取。

对于装在小型或防潮容器(如铁罐或塑料袋)中的种子，应在种子装入容器前扦取，否则应把规定数量的容器打开或穿孔取得初次样品。

用合适的扦样器，根据扦样要求扦取初次样品。

扦样所造成的孔洞，可用扦样器尖端对着孔洞相对方向拔几下，使麻线合并在一起，密封纸袋可用胶布粘贴。

(2)散装扦样法　根据种子批散装的数量确定扦样点数，扦样点数见表 2-9-2-2。

散装种子扦样时应随机从各部位及深度扦取初次样品。每个部位扦取的数量大体相等。

表 2-9-2-2　散装的扦样点数

种子批大小/kg	扦样点数	种子批大小/kg	扦样点数
50 以上	不少于 3 点	5 001～20 000	每 500 kg 至少扦取 1 点
51～1 500	不少于 5 点	20 001～28 000	不少于 40 点
1 501～3 000	每 300 kg 至少扦取 1 点	28 001～40 000	每 700 kg 至少扦取 1 点
3 001～5 000	不少于 10 点		

4. 配制混合样品

将扦取的初次样品放入样品盛放器中组成混合样品。在混合这些初次样品之前，先将它们分别倒在样品布上或样品盘内，仔细观察，比较这些初次样品在形态、颜色、光泽、水分、杂质种类和数量等品质方面有无显著差异，无明显差异的初次样品才能充分混合合并成混合样品。如发现有些初次样品间质量有明显差异时，应把对应的这部分种子从该批种子中分出来，作为另一个种子批单独扦取混合样品。若不能将这些质量有差异的种子从种子批中划分出来，可把种子批重新混合后再扦样。

5. 送验样品的制备和处理

送验样品是在混合样品的基础上配制而成的。当混合样品的数量与送验样品规定的数量相等时，即可将混合样品作送验样品。当混合样品数量较多时，需从中分出规定数量的送验样品。

(1)送验样品的重量　针对不同的检验项目，送验样品的数量不同，在种子检验规程中规定了以下三种情况下的送验样品的最低重量。

①水分测定。需磨碎的种类为 100 g，不需磨碎的种类为 50 g。

②品种纯度测定。按照表 2-9-2-3 品种纯度测定的送验样品重量规定。

表 2-9-2-3　品种纯度测定的送验样品重量

种类	限于实验室测定/g	田间小区及实验室测定/g
豌豆属、菜豆属、蚕豆属、玉米属、大豆属及种子大小类似的其他属	1 000	2 000
水稻属、大麦属、燕麦属、小麦属、黑麦属及种子大小类似的其他属	500	1 000
甜菜属及种子大小类似的其他属	250	500
所有其他属	100	250

③所有其他项目测定。包括净度分析、其他植物种子数目测定，以及采用净度分析后的净种子作为试样的发芽试验、生活力测定、活力测定、重量测定、种子健康测定等，其送验样品最低重量按农作物种子检验规程 GB/T 3543.2—1995 表 1 规定。

当送验样品小于规定重量时，应通知扦样员补足后再进行分析，但某些较为昂贵或稀有的品种、杂交种可以例外，允许送验样品数量较少。如不进行其他植物种子数目测定，送验样品至少达到净度分析试验样品的规定重量，并在检验报告上加以说明。

(2)送验样品的分取　通常在仓库或现场配得混合样品后，即可称其重量。若混合样品的重量与送验样品重量相符，即可将混合样品作为送验样品。若混合样品数量较多时，应使用分样器或分样板从中分出规定数量的送验样品。当仓库或现场没有分样器具时，也可将混合样品携带入种子检验室进行分样。

(3)送验样品的处理　供净度分析等测定项目的送验样品应装入纸袋或布袋；供水分测定的送验样品应装入防湿密封容器如塑料薄膜袋中。所有送验样品包装袋都必须严格封缄和标识。同时，送验样品还必须附有其他必要的信息，包括扦样单位和被扦单位、扦样日期、种子批号、品种名称、种子批重量和容器数目、样品重量、待检项目等。

送验样品应由扦样员尽快送到种子检验室。如果室内外温差较大，送验样品可以放在保温箱内，连箱一起送往检验室，防止结露。送验样品送到检验室后，首先要进行验收，检查样品包装、封缄是否完好，样品重量是否符合规定要求，验收合格后进行登记。检验室收到样品后如果不能及时检验，须将样品保存在凉爽和通风良好的样品储藏室内，尽量使种子质量的变化降到最低程度。

6. 填写扦样单

扦样单一般一式两份，一份交检验室，一份交被扦单位保存。如果是监督检验，扦样单必须一式三份，承检机构和被抽查企业各留存一份，报送下达抽查任务的农业行政主管部门一份。扦样单格式可参见表 2-9-2-4。

表 2-9-2-4 种子扦样单

受检单位	名称				
	地址			电话	
作物名称		品种名称		生产单位	
繁殖面积		批重		容器数	
取样点数		样品编号		样品重量	
种子处理说明				扦样时期	
检测项目					
备注或说明					
受签单位法人代表签字（被签单位公章）			扦样员签字和证号（扦样单位公章）		

六、作业

能够正确进行种子扦样，填写种子扦样单，按表 2-9-2-4 登记。

技能训练 2-9-3 种子室内检验

训练一 水稻种子净度分析

一、训练目标

1. 识别水稻净种子、其他植物种子和杂质。
2. 掌握种子净度的分析技术。

二、训练材料与用具

1. 种子送验样品(水稻≥400 g);

2. 水稻种子送验样品一份,检验桌,分样板,套筛,感量 0.1 g、0.01 g 和 0.001 g 的天平,白磁盘,镊子,小刮板,放大镜,净度分析台等。

三、训练内容

(一)送验样品称重和重型混杂物检查

①将送验样品倒在台秤上称重,得出送验样品重量 M。

②将送验样品倒在光滑的盘中,挑出重型混杂物,在天平上称重,得出重型混杂物的重量 m,并将重型混杂物分为其他植物种子重量 m_1、重型杂质 m_2,m_1 与 m_2 重量之和应等于 m。

(二)试验样品分取

①先将送验样品混匀,再用分样器分取试验样品一份或半试样两份,可经过多次分样,以达到或接近试样规定的最低重量(即 GB/T 3543.2—1995 表 1 的规定),水稻≥40 g。

②用天平称出试样或半试样的重量,以克表示,精确至 GB/T 3543.3—1995 表 1 所规定的小数位数,以满足计算各组分百分率达到一位小数的要求。

(三)试样分离与称重

①选用筛孔适当的两层套筛,要求小孔筛的孔径小于所分析的种子,而大孔筛的孔径大于所分析的种子。使用时将小孔筛套在大孔筛的下面,再把筛底盒套在小孔筛的下面,倒入(半)试样,加盖,手工筛动 2 min。

②筛理后将各层筛及底盒中的分离物分别倒在净度分析台上进行分析鉴定,区分出净种子、其他植物种子、杂质,并分别放入相应容器内。

③将每份(半)试样的三种成分分别称重,其称量精确度与试样称重相同。

(四)其他植物种子数目的测定

根据送验者的不同要求,其他植物种子数目的测定可采用完全检验、有限检验和简化检验。

(五)结果计算

(1)检查重量增失　将分析后的各成分重量之和与样品原重量比较,若增失差超过 5%,须重做。

(2)各成分重量百分率计算　计算每一份(半)试样的净种子百分率(P_1)、其他植物种子百分率(OS_1)及杂质的百分率(I_1)。全试样分析时,所有成分的百分率应计算到一位小数。半试样分析时,应对每一份半试样分别进行计算,百分率至少保留两位小数,并计算各成分的平均百分率。

百分率必须根据分析后各种成分重量的总和计算,而不是根据试验样品的原始重量计算。

(3)核对容许差距　求出两份(半)试样间三种成分各自的平均百分率及重复间相应百分率差值,并核对容许差距,任一成分的相差不得超过 GB/T 3543.3—1995 表 2 所规定的容许差距。

(4)修约　各种成分的最终填报结果应保留一位小数,各成分之和应为 100.0%,如为 100.1%或 99.9%,则从最大值(通常是净种子部分)增减 0.1%,如果修约值大于 0.1%,则应检查计算上有无差错。

含重型混杂物样品的最后结果的换算:

净种子:　$P_2 = P_1 \times [(M-m)/M] \times 100\%$

其他植物种子:　$OS_2 = OS_1 \times [(M-m)/M] + (m_1/M) \times 100\%$

杂质:　$I_2 = I_1 \times [(M-m)/M] + (m_2/M) \times 100\%$

式中,P_1、OS_1 和 I_1 分别为除去重型混杂物后两份(半)试样的净种子、其他植物种子及杂质各自的平均百分率,而 P_2、OS_2 和 I_2 分别为最后的净种子、其他植物种子及杂质的百分率。最后应检查:$P_2 + OS_2 + I_2 = 100.0\%$

(六)结果报告

净度分析的最终结果应保留一位小数,如果某成分的百分率低于 0.05%,则填报为"微量",如某种成分的含量为零,须填报"—0.0—"。详见表 2-9-3-1 和表 2-9-3-2。

表 2-9-3-1　种子净度分析原始记载表

<table>
<tr><td>样品编号</td><td colspan="2"></td><td colspan="2">作物名称</td><td></td><td colspan="3">品种(组合)名称</td><td></td></tr>
<tr><td colspan="10">仪器名称、型号及编号</td></tr>
<tr><td rowspan="2">送验样品重/g</td><td rowspan="2">M=</td><td rowspan="2">重型混杂物/g</td><td rowspan="2" colspan="2">m=</td><td colspan="3">重型混杂物中其他植物种子重/g</td><td colspan="2">m_1=</td></tr>
<tr><td colspan="3">重型混杂物中杂质重/g</td><td colspan="2">m_2=</td></tr>
<tr><td rowspan="2">类别</td><td rowspan="2">重复</td><td rowspan="2">试样重/g</td><td colspan="2">净种子</td><td colspan="2">其他种子</td><td colspan="2">杂质</td><td rowspan="2">重量增失/%</td></tr>
<tr><td>重量/g</td><td>百分率/%</td><td>重量/g</td><td>百分率/%</td><td>重量/g</td><td>百分率/%</td></tr>
<tr><td rowspan="5">两份(半)试样</td><td>1</td><td></td><td></td><td></td><td></td><td></td><td></td><td></td><td></td></tr>
<tr><td>2</td><td></td><td></td><td></td><td></td><td></td><td></td><td></td><td></td></tr>
<tr><td>平均</td><td>—</td><td></td><td></td><td></td><td></td><td></td><td></td><td></td></tr>
<tr><td>实际误差/%</td><td>—</td><td></td><td></td><td></td><td></td><td></td><td></td><td></td></tr>
<tr><td>容许误差/%</td><td>—</td><td></td><td></td><td></td><td></td><td></td><td></td><td></td></tr>
<tr><td>净度分析结果</td><td>净种子/%</td><td colspan="2"></td><td colspan="2">其他植物种子/%</td><td colspan="2"></td><td>杂质/%</td><td></td></tr>
<tr><td colspan="10">说明:全试样或半试样只需选择其中一种方法进行检测</td></tr>
</table>

检验员　　年　月　日　校核人　　年　月　日　　　　审核人　　　　年　月　日

表 2-9-3-2　种子净度分析结果报告单

样品编号		作物名称		品种(组合)名称	
成分	净种子/%		其他植物种子/%		杂质/%
百分率/%					
其他植物种子名称及个数					
备注					

四、考核标准

序号	重点考核内容	考核标准	标准分值
1	净种子、其他植物种子和杂质鉴定标准	能够正确区分净种子、其他植物种子和杂质	20
2	样品中各成分称重	能够对三种成分进行准确称重，精确至规定的小数位数	30
3	结果计算与净度分析结果报告	能够准确计算结果并规范填写报告单	50

五、作业

对给定样品进行净度分析，按要求填写净度分析原始记载表及结果报告单。按表 2-9-3-1 和表 2-9-3-2 登记。

训练二　水稻种子发芽试验

一、训练目标

掌握水稻种子的标准发芽试验规定、发芽方法、幼苗鉴定标准和结果计算方法。

二、训练材料与用具

水稻种子、发芽盒、发芽纸、光照发芽箱等。

三、训练内容

(一)选用发芽床

按照 GB/T 3543.4—1995 表 1 规定，选用最适宜的发芽床。水稻种子发芽技术规定可选用 BP、TP 或 S，本试验选用正方形塑料透明发芽盒，垫入两层发芽纸，充分湿润。

(二)数种置床

人工数种置床，随机数取 400 粒净种子，每盒 100 粒，4 次重复，在发芽盒的内侧面贴上标签，注明置床日期、样品编号、品种名称及重复序号等，然后盖好盖子。新收获的休眠种子需

50℃预先加热 3～5 d，或用 0.1 mol/L HNO_3 浸种 24 h。

(三)规定条件下培养

按照 GB/T 3543.4—1995 表 1 规定，水稻种子的发芽温度选用 20～30℃的变温或 30℃恒温，采用恒温培养，发芽箱的发芽温度在发芽期间应尽量一致，温度变幅不应超过±2℃，在光照下培养。

(四)检查管理

种子发芽期间，应进行适当的检查管理，做到发芽床始终保持湿润，水分不过多或过少。温度保持在所需温度的±2℃范围内。如采用变温发芽，则应按规定变换温度。如发现霉菌滋生，应及时取出洗涤去霉。当发霉种子超过 5%时，应更换发芽床，以免霉菌传开。如发现腐烂死亡种子，则应及时将其除去并记载。还应注意通气，避免因缺氧而使正常发芽受影响。

(五)观察记载

1. 试验持续时间

每个种的试验持续时间详见 GB/T 3543.4—1995 表 1，水稻种子发芽试验初次计数时间为 5 d，末次计数时间为 14 d。如果样品在规定的试验时间内只有几粒种子开始发芽，则试验时间可延长 7 d，或延长规定时间的一半。根据试验情况，可增加计数的次数。反之，如果在规定的试验时间结束前，样品已达到最高发芽率，则该试验可提前结束。

2. 幼苗鉴定和观察计数

按照附录一规定标准进行幼苗鉴定。鉴定要在主要构造已发育到一定时期进行。在初次计数时，应把发育良好的正常幼苗从发芽床中拣出，对可疑的或损伤畸形或不均衡的幼苗，一般到末次计数。严重腐烂的幼苗或发霉的死种子应及时从发芽床中除去，并随时增加计数。末次计数时，按正常幼苗、不正常幼苗、新鲜不发芽种子、硬实和死种子分类计数和记载。复胚种子单位作为单粒种子计数，试验结果用至少产生一个正常幼苗的种子单位的百分率表示。当送验者提出要求时，也可测定 100 个种子单位所产生的正常幼苗数，或产生一株、两株及两株以上正常幼苗的种子单位数。

(六)重新试验

当试验出现下列情况时，应重新试验。

①怀疑种子有休眠(即有较多的新鲜不发芽种子)，可采用合适的方法破除休眠，重新试验，将得到的最佳结果填报，应注明所用的方法。

②由于真菌或细菌的蔓延而使试验结果不一定可靠时，可采用砂床或土壤床重新试验。如有必要，应增加种子之间的距离。

③当正确鉴定幼苗困难时，可采用 GB/T 3543.4—1995 表 1 中规定的一种或几种方法用砂床或土壤床重新试验。

④当发现试验条件、幼苗鉴定或计数有差错时，应采用同样方法进行重新试验。

⑤当 100 粒种子重复间差距超过表 2-9-3-3 最大容许差距时，应采用同样的方法重新试验。

如果第二次结果与第一次结果相一致，即其差异不超过表 2-9-3-4 中所示的容许差距，则将两次试验的平均数填报在结果单上。如果第二次结果与第一次结果不相符合，其差异超过表 2-9-3-4 所示的容许差距，则采用同样的方法进行第三次试验，填报符合要求的结果平均数。

(七)结果计算

试验结果以粒数的百分率表示。当一个试验的 4 次重复(每个重复以 100 粒计，如采用 50 粒或 25 粒的副重复，则应将相邻的副重复合并成 100 粒的重复)，其正常幼苗百分率都在最大容许差距范围内(表 2-9-3-3)，则取其平均数表示发芽百分率。不正常幼苗、新鲜不发芽种子、硬实和死种子的百分率按四次重复平均数计算。正常幼苗、不正常幼苗和未发芽种子百分率的总和必须为 100，平均数百分率修约到最近似的整数，修约 0.5 进入最大值中。

表 2-9-3-3　同一发芽试验 4 次重复间的最大容许差距
(2.5%显著水平的两尾测定)

平均发芽率		最大容许差距
50%以上	50%以下	
99	2	5
98	3	6
97	4	7
96	5	8
95	6	9
93～94	7～8	10
91～92	9～10	11
89～90	11～12	12
87～88	13～14	13
84～86	15～17	14
81～83	18～20	15
78～80	21～23	16
73～77	24～28	17
67～72	29～34	18
56～66	35～45	19
51～55	46～50	20

表 2-9-3-4　同一或不同实验室来自相同或不同送验样品间发芽试验的容许差距
(2.5%显著水平的两尾测定)

平均发芽率		最大容许差距
50%以上	50%以下	
98～99	2～3	2
95～97	4～6	3
91～94	7～10	4
85～90	11～16	5
77～84	17～24	6
60～76	25～41	7
51～59	42～50	8

(八)结果报告

填报发芽结果时，须填报正常幼苗、不正常幼苗、硬实、新鲜不发芽种子和死种子的百分率。假如其中任何一项结果为零，则将符号“—0—”填入该格中。

同时还须填报采用的发芽床和温度、试验持续时间以及为促进发芽所采用的处理方法。

四、作业

按要求填写种子发芽试验原始记载表，按表 2-9-3-5 登记。

表 2-9-3-5 发芽试验原始记载表

样品编号		作物名称		品种(组合)	
检测地点	农业部农作物种子质量监督检验测试中心（武汉）发芽试验室				
检测依据					

重复 / 计数日期	Ⅰ			Ⅱ			Ⅲ			Ⅳ			结果/%	发芽床： 发芽温度： ℃ 置床日期： 实验持续时间： d 预处理方法： 不正常幼苗类型：
	正	不	死	正	不	死	正	不	死	正	不	死		
	/	/	/	/	/	/	/	/	/	/	/	/		
正常幼苗（正）														
新鲜不发芽种子														
硬实（空壳）														
不正常幼苗（不）														
死种子（死）														
结果计算							容许误差/% ____ 实际误差/% ____							
备注														

检验员： 年 月 日 校验人： 年 月 日 审核人： 年 月 日

附录 正常幼苗与不正常幼苗鉴定标准

一、正常幼苗鉴定标准

正常幼苗是指生长在适宜的土壤、温度、水分和光照条件下具有生长和发育成正常植株能力的幼苗。正常幼苗分为完整幼苗、带有轻微缺陷的幼苗和次生感染幼苗三类。

凡符合下列类型之一者为正常幼苗。

(一)完整幼苗

幼苗主要构造生长良好、完全、匀称和健康。因种不同,应具有下列一些构造。

1. 发育良好的根系

①细长的初生根,通常长满根毛,末端细尖。

②在规定试验时期内产生的次生根。

③在燕麦属、大麦属、黑麦属、小麦属和小黑麦属中,由数条种子根代替一条初生根。

2. 发育良好的幼苗中轴

①出土型发芽的幼苗,应具有一个直立、细长并有伸长能力的下胚轴。

②留土型发芽的幼苗,应具有一个发育良好的上胚轴。

③在有些出土型发芽的一些属(如菜豆属、花生属)中,应同时具有伸长的上胚轴和下胚轴。

④在禾本科的一些属(如玉米属、高粱属)中,应具有伸长的中胚轴。

3. 具有特定数目的子叶

①单子叶植物具有一片子叶,子叶可为绿色和呈圆管状(葱属),或变形而全部或部分遗留在种子内(如石刁柏、禾本科)。

②双子叶植物具有二片子叶,在出土型发芽的幼苗中,子叶为绿色,展开呈叶状;在留土型发芽的幼苗中,子叶为半球形和肉质状,并保留在种皮内。

4. 具有展开、绿色的初生叶

①在互生叶幼苗中有一片初生叶,有时先发生少数鳞状叶,如豌豆属、石刁柏属、巢菜属。

②在对生叶幼苗中有两片初生叶,如菜豆属。

5. 具有一个顶芽或苗端

在禾本科植物中有一个发育良好、直立的芽鞘,其中包着一片绿叶延伸到顶端,最后从芽鞘中伸出。

(二)带有轻微缺陷的幼苗

幼苗主要构造出现某种轻微缺陷,但在其他方面能均衡生长,并与同一试验中的完整幼苗相当。有下列缺陷则为带有轻微缺陷的幼苗。

1. 初生根

①初生根局部损伤，或生长稍迟缓。

②初生根有缺陷，但次生根发育良好，特别是豆科中一些大粒种子的属（如菜豆属、豌豆属、巢菜属、花生属、豇豆属和扁豆属）、禾本科中的一些属（如玉米属、高粱属和稻属）、葫芦科所有属（如甜瓜属、南瓜属和西瓜属）和锦葵科所有属（如棉属）。

③燕麦属、大麦属、黑麦属、小麦属和小黑麦属中只有一条强壮的种子根。

2. 下胚轴、上胚轴或中胚轴

下胚轴、上胚轴或中胚轴局部损伤。

3. 子叶（采用“50%规则”）

①子叶局部损伤，但子叶组织总面积的一半或一半以上仍保持着正常的功能，并且幼苗顶端或其周围组织没有明显的损伤或腐烂。

②双子叶植物仅有一片正常子叶，但其幼苗顶端或其周围组织没有明显的损伤或腐烂。

4. 初生叶

①初生叶局部损伤，但其组织总面积的一半或一半以上仍保持着正常的功能（采用“50%规则”）。

②顶芽没有明显的损伤或腐烂，有一片正常的初生叶，如菜豆属。

③菜豆属的初生叶形状正常，大于正常大小的1/4。

④具有三片初生叶而不是两片，如菜豆属（采用“50%规则”）。

5. 芽鞘

①芽鞘局部损伤。

②芽鞘从顶端开裂，但其缝长度不超过芽鞘的1/3。

③受内外稃或果皮的阻挡，芽鞘轻度扭曲或形成环状。

④芽鞘内的绿叶，没有延伸到芽鞘顶端，但至少要达到芽鞘的一半。

（三）次生感染的幼苗

由真菌或细菌感染引起，使幼苗主要构造发病和腐烂，但有证据表明病源不来自种子本身。

二、不正常幼苗鉴定标准

不正常幼苗分为受损伤的幼苗、畸形或不匀称的幼苗和腐烂幼苗三种类型。

（一）受损伤的幼苗

由机械处理、加热、干燥、昆虫损害等外部因素引起，使幼苗构造残缺不全或受到严重损伤，以至于不能均衡生长者。

（二）畸形或不匀称的幼苗

由于内部因素引起生理紊乱，幼苗生长细弱，或存在生理障碍，或主要构造畸形，或不匀称者。

(三)腐烂幼苗

由初生感染(病源来自种子本身)引起,使幼苗主要构造发病和腐烂,并妨碍其正常生长者。

在实际过程中,凡幼苗带有下列一种或一种以上的缺陷则列为不正常幼苗。

1. 根

(1)初生根 初生根残缺、短粗、停滞、缺失、破裂、从顶端开裂、缩缢、纤细、卷缩在种皮内、负向地性生长、水肿状、由初生感染所引起的腐烂。

(2)种子根 没有或仅有一条生长力弱的种子根。

注:次生根或种子根带有上述一种或数种缺陷者列为不正常幼苗,但是对具有数条次生根或至少具有一条强壮种子根的幼苗应列入正常幼苗。

2. 下胚轴、上胚轴或中胚轴

下胚轴、上胚轴或中胚轴缩短而变粗、深度横裂或破裂、纵向裂缝(开裂)、缺失、缩缢、严重扭曲、过度弯曲、形成环状或螺旋形、纤细、水肿状、由初生感染所引起的腐烂。

3. 子叶(采用“50%规则”)

(1)除葱属外所有属的子叶缺陷 肿胀卷曲、畸形、断裂或其他损伤、分离或缺失、变色、坏死、水肿状、由初生感染所引起的腐烂。

注:在子叶与苗轴着生点或与苗端附近处发生损伤或腐烂的幼苗应列入不正常幼苗,这时不考虑“50%规则”。

(2)葱属子叶的特定缺陷 缩短而变粗、缩缢、过度弯曲、形成环状或螺旋形、无明显的“膝”、纤细。

4. 初生叶(采用“50%规则”)

初生叶畸形、损伤、缺失、变色、坏死、由初生感染所引起的腐烂,虽形状正常,但小于正常叶片大小的1/4。

5. 顶芽及周围组织

畸形、损伤、缺失、由初生感染所引起的腐烂。

注:假如顶芽有缺陷或缺失,即使有一个或两个已发育的腋芽(如菜豆属)或幼梢(如豌豆属),也列为不正常幼苗。

6. 胚芽鞘和第一片叶(禾本科)

(1)胚芽鞘 畸形、损伤、缺失、顶端损伤或缺失、严重过度弯曲、形成环状螺旋形、严重扭曲、裂缝长度超过从顶端量起的1/3、基部开裂、纤细、由初生感染所引起的腐烂。

(2)第一叶 延伸长度不到胚芽鞘的一半、缺失、撕裂或其他畸形。

7. 整个幼苗

整个幼苗畸形、断裂、子叶比根先长出、两株幼苗连在一起、黄化或白化、纤细、水肿状、由初生感染所引起的腐烂。

训练三 水稻种子水分测定

一、训练目标

掌握水稻种子水分的测定方法。

二、训练材料与用具

恒温烘箱、电动粉碎(磨粉)机、分析天平、样品盒、干燥器、干燥剂、洗净烘干的磨口瓶、称量匙等。

三、训练内容

高恒温干燥法将样品放置在130～133℃的烘箱内烘干1 h,适用于芹菜、燕麦属、西瓜、胡萝卜、大麦、莴苣、烟草、番茄、水稻、小麦属、玉米等的种子水分测定。

(一)铝盒恒重

在水分测定前预先准备。将待用铝盒(带盒盖)洗净后,置于(133±2)℃的烘箱内烘干1 h,然后取出置于干燥器内冷却称重,再继续烘干30 min,取出后冷却称重,当两次烘干结果误差≤0.002 g时,取两次平均值;否则,继续烘干至恒重。

(二)调解烘箱温度

将电烘箱的温度调节至140～145℃进行预热,打开箱门5～10 min之后,让其稳定在(133±2)℃。

(三)制备样品

水分测定送检样品必须装在防潮容器内,并且尽可能排除其中的空气。首先,取样时先将密闭容器内的样品充分混合,从中分别取出两个独立的试验样品15～25 g,放入磨口瓶中。其次,进行样品磨碎,需磨碎的样品按表2-9-3-6要求进行处理后,立即装入磨口瓶中备用,最好立即称样,以减少样品水分变化。

表2-9-3-6 必须磨碎的种子种子种类及磨碎细度

作物种类	磨碎细度
燕麦属、水稻、甜菜、黑麦、高粱属、小麦属、玉米	至少有50%的磨碎成分通过0.5 mm筛孔的金属丝筛,而留在1.0 mm筛孔的金属丝筛子上不超过10%
大豆、菜豆属、豌豆、西瓜、巢菜属	需要粗磨,至少有50%的磨碎成分通过4.0 mm筛孔
棉属、花生、蓖麻	磨碎或切成薄片

(四)称样烘干

将处理好的样品在磨口瓶内充分混合,从中取试样2份,分别放入经过恒重的铝盒内进行称重,每份试样重4.500～5.000 g,记下盒号、盒重和样品的实际重量。

摊平样品,立即放入预先调好温度的烘箱内,将样品放入烘箱的上层(距温度计的水银球约2.5 cm处),样品盒盖套于盒底,迅速关闭箱门,使箱温在5～10 min内回升至(133±2)℃开始计时,烘干1 h,戴上纱线手套,打开箱门,迅速盖好盒盖(箱内加盖),取出后放入干燥器内冷却至室温(30～45 min)后称重。

禾谷类种子水分超过18%时,必须采用预先烘干法。

称取两份样品各(25.00±0.02)g，置于直径大于 8 cm 的样品盒中，在(103±2)℃烘箱中预烘 30 min(油料种子在 70℃预供 1 h)。取出后放在室温冷却和称重。然后立即将这两个半干样品分别磨碎，并将磨碎物各取一份样品按高恒温烘干方法进行测定。

(五)结果计算

根据烘后失去水的重量计算种子水分百分率，按下列公式计算并修约保留1位小数：

$$种子水分=\frac{M_2-M_3}{M_2-M_1}\times 100\%$$

式中，M_1 为盒＋盖的重量(g)；M_2 为盒＋盖＋样品烘前重量(g)；M_3 为盒＋盖＋样品烘后重量(g)。

若用预先烘干法，可从第一次(预先烘干)和第二次按上述公式计算所得的水分结果换算样品的原始水分，按下式计算。

$$种子水分=\left(S_1+S_2+\frac{S_1\times S_2}{100}\right)\times 100\%$$

式中，S_1 为第一次整粒种子烘后失去的水分(%)；S_2 为第二次磨碎种子烘后失去的水分(%)。

(六)结果报告

若一个样品的两次测定之间的差距不超过 0.2%，其结果可用两次测定值的算数平均数表示。否则，需重做两次测定。

结果填报在检验结果报告单的规定空格中，精确度为 0.1%。

四、作业

对水稻种子进行水分测定，并将原始数据按表 2-9-3-7 登记。

表 2-9-3-7　种子水分测定原始记载表

<table>
<tr><td>作物名称</td><td colspan="2"></td><td>样品编号</td><td colspan="2"></td><td colspan="2">室内温湿度</td><td>℃</td><td>%</td></tr>
<tr><td>测定方法</td><td colspan="3"></td><td colspan="2">检测依据</td><td colspan="4"></td></tr>
<tr><td rowspan="2">重复</td><td rowspan="2">铝盒编号</td><td rowspan="2">盒重 M_1/g</td><td rowspan="2">试样重/g</td><td colspan="2">(盒＋样)重/g</td><td rowspan="2">失重/g</td><td rowspan="2">水分/%</td><td rowspan="2">重复间差异/%</td><td rowspan="2">平均水分/%</td></tr>
<tr><td>烘前 M_2</td><td>烘后 M_3</td></tr>
<tr><td></td><td></td><td></td><td></td><td></td><td></td><td></td><td></td><td rowspan="2"></td><td rowspan="2"></td></tr>
<tr><td></td><td></td><td></td><td></td><td></td><td></td><td></td><td></td></tr>
<tr><td>结果计算</td><td colspan="5">一次烘干：
$种子水分=\frac{M_2-M_3}{M_2-M_1}\times 100\%$
二次烘干：
$种子水分=\left(S_1+S_2+\frac{S_1\times S_2}{100}\right)\times 100\%$</td><td colspan="4">容许误差：0.2%
实际误差：</td></tr>
</table>

检验员：　年　月　日　　校验人：　年　月　日　　审核人：　年　月　日

训练四 水稻品种纯度鉴定

一、训练目标

掌握作物品种纯度鉴定的方法。

二、训练材料与用具

1. 训练材料：水稻种子。

2. 试剂、仪器和设备：苯酚、愈创木酚、过氧化氢、氢氧化钾、氢氧化钠、氯化氢。体视显微镜、扩大镜、解剖镜、生长箱等。

三、训练内容

（一）送验样品的重量

品种纯度的送验样品的最小重量应符合表 2-9-3-8 的规定。

表 2-9-3-8 品种纯度测定的送验样品重量

种类	限于实验室测定/g	田间小区及实验室测定/g
豌豆属、菜豆属、蚕豆属、玉米属、大豆属及种子大小类似的其他属	1 000	2 000
水稻属、大麦属、燕麦属、小麦属、黑麦属及种子大小类似的其他属	500	1 000
甜菜属及种子大小类似的其他属	250	500
所有其他属	100	250

（二）种子鉴定

1. 形态鉴定法

不同种类种子可根据种子形态特征差异进行鉴别，如水稻种子根据谷粒形状、长宽比、大小、稃壳和稃尖色、稃毛长短、稀密、柱头夹持率等。大、小麦种子根据外稃基部形状、籽粒颜色、形状、腹沟基刺、腹沟宽，小穗轴绒毛多少，外稃侧背脉纹齿状突起，内外稃皱折，鳞被形状及绒毛稀密等。玉米种子形态特征如种子粒形（圆粒、扁粒、长粒）、类型（马齿形、半马齿形、硬粒形）、颜色（白、浅黄、黄、橙黄、浅红、紫色），种子大小、果柄颜色（红、白、浅红、紫红）、顶部凹陷和饱满状况，种胚的大小和形状，籽粒表面圆滑程度、棱角的有无、颜色和花丝遗迹等特征，区别不同品种及利用胚乳直感鉴定父母本与杂交种，确定品种纯度。其中利用胚乳直感现象鉴定杂交种与父母本有明显颜色差异的亲本自交系粒是很有效的。例如，玉米杂交组合中母本籽粒顶端黄色、父本白黄色、杂交种为白色，据此可将母本自交系粒和杂交种区分为：黄色、胚乳橘红色，父本为白色，同样杂交种为白色、胚乳为橘红色，可明显将杂交种与母本自交系粒区分。

2. 苯酚染色法

（1）苯酚染色法机理　苯酚又名石碳酸，其染色机理是种子中单酚、双酚、多酚在酚酶的作用下，被氧化成黑色的非溶性色素。由于每个品种皮壳内酚酶的活性不同，不同品种由于苯酚氧化酶的活性和种类不同而呈现深浅不同的颜色，借此可鉴定品种。该法主要适用于小麦、水稻、牧草种子。

（2）水稻苯酚染色的方法　取试样 2 份，各 100 粒，将种子浸入清水中经 6 h，倒去清水，注入 1%（m/V）苯酚溶液，室温下浸 12 h，取出用清水洗涤，放在滤纸上经 24 h，观察谷粒或米粒染色程度。谷粒染色分为不染色、淡茶褐色、茶褐色、黑褐色和黑色五级。米粒染色分不染色、淡茶褐色、褐色或紫色三级。此法可鉴别籼稻、粳稻，籼、粳稻不同品种染色都有深浅之分，粳稻不染色或染成浅色。一般凡不染色者均属粳稻。

3. 水稻种子同工酶的聚丙烯酰胺凝胶电泳法

见附录一

（三）幼苗鉴别

随机从送验样品中数取 400 粒种子，鉴定时须设重复，每重复为 100 粒种子。在培养室或温室中，可以用 100 粒，二次重复。

幼苗鉴定可以通过两个主要途径：一种途径是提供给植株以加速发育的条件（类似于田间小区鉴定，只是所需时间较短），当幼苗达到适宜评价的发育阶段时，对全部或部分幼苗进行鉴定；另一种途径是让植株生长在特殊的逆境条件下，测定不同品种对逆境的不同反应来鉴别不同品种。

禾谷类：禾谷类作物的芽鞘、中胚轴有紫色与绿色两大类，它们是受遗传基因控制的。将水稻种子播于水分适宜的纸床发芽盒内，30℃恒温培养 5 d，观察测定杂交种子和三系种子幼苗芽鞘（叶鞘）颜色。在已知品种的前提下区别三系和杂交种较为可靠，如对水稻杂种汕优 63 及其亲本三系幼苗芽鞘颜色进行鉴定，杂交种子汕优 63 芽鞘呈现紫红色，恢复系明恢 63 种子芽鞘（叶鞘）无色，不育系珍汕 97A 和保持系珍汕 97B 芽鞘（叶鞘）呈现紫红色。

四、作业

对给定样品进行品种真实性及纯度鉴定，按表 2-9-3-9 登记。

表 2-9-3-9　品种纯度鉴定表及填报表

<table>
<tr><td>样品编号</td><td colspan="2"></td><td colspan="2">作物名称</td><td colspan="2"></td><td>品种名称</td><td colspan="3"></td></tr>
<tr><td>检验方法</td><td colspan="10"></td></tr>
<tr><td rowspan="2">项目重复</td><td rowspan="2">供检株（粒）数</td><td rowspan="2" colspan="3">本品种株（粒）数</td><td colspan="4">异品种株（粒）数</td><td rowspan="2">品种纯度/%</td><td rowspan="2">平均值/%</td></tr>
<tr><td></td><td></td><td></td><td></td></tr>
<tr><td></td><td></td><td colspan="2"></td><td></td><td></td><td></td><td></td><td></td><td></td><td rowspan="2"></td></tr>
<tr><td></td><td></td><td colspan="2"></td><td></td><td></td><td></td><td></td><td></td><td></td></tr>
<tr><td>电泳测定值 X/%</td><td colspan="4"></td><td>计算公式</td><td colspan="2">Y(纯度)$=52.9+0.461X$</td><td>备注</td><td colspan="2"></td></tr>
</table>

检验员：　　年　月　日　　校验人：　　年　月　日　　审核人：　　年　月　日

附加技能训练　水稻种子聚丙烯酰胺凝胶同工酶电泳鉴定程序

一、清洗用具

用具的清洁与否直接影响试验结果。因此，所有的玻璃仪器和所有用具都要清洗干净。如果是新使用的玻璃仪器，因其表面常附着有游离的碱性物质，除用肥皂水洗刷外，还需用1％HCl液浸泡过夜，最后用蒸馏水或去离子水冲洗。洗净的用具要放于100～120℃烘箱内烤干备用。

二、化学药品准备

丙烯酰胺(Acr)、甲叉双丙烯酰胺(Bis)、N，N，N′，N′-四甲基乙二胺(TEMED)、过硫酸铵(APS)、盐酸(HCl)、三羟甲基氨基甲烷(Tris)、核黄素、蔗糖、甘氨酸(即氨基乙酸)、磷酸氢二钠(Na_2HPO_4)、磷酸二氢钠(NaH_2PO_4)、丙酮、α-醋酸萘酯、β-醋酸萘酯、坚牢蓝B(或坚牢蓝RR)、溴酚蓝、醋酸。

三、配制试剂

(1)分离胶缓冲液　10.98 g Tris、14.4 mL 1 mol/L 的 HCl、0.2 mL TEMED，加水定容至30 mL。

(2)分离胶贮液　14.0 gAcr和0.368 gBis，加水至50 mL。

(3)过硫酸铵溶液　0.07 g过硫酸铵加水至50 mL。

(4)浓缩胶缓冲液　1.196 g Tris，9.6 mL 1 mol/L 的 HC1、0.3 mL TEMED，加水至20 mL。

(5)浓缩胶贮液　3.0 g Acr和0.75 g Bis加水至30 mL。

(6)核黄素溶液　2 g核黄素加水至50 mL。

(7)蔗糖溶液　20 g蔗糖加水至50 mL。

(8)电极缓冲液　7.2 g甘氨酸和1.5 g Tris，加水至250 mL。

(9)1 mol/L HCl溶液　4.2 mL HC1原液，加水至50 mL。

(10)提取用液　取7号蔗糖液10 mL，8号电极缓冲液2 mL，加水8 mL。

(11)0.1％溴酚蓝溶液　30 mg溴酚蓝，加水30 mL。

(12)7％醋酸溶液　70 mL36％醋酸加水至360 mL。

(13)0.2 mol/L 磷酸盐缓冲液(pH 为 6.5)　8.549 g $NaH_2PO_4 \cdot 2H_2O$、9.025 g $Na_2HPO_4 \cdot 2H_2O$，加水溶解至400 mL。

四、凝胶制备

(1)电泳槽胶膜封口　将试剂1、2、3与水按1：2：4：1的比例(V/V)配成少许(约4 mL)分离胶液，倒进安装好的胶膜中，静置使胶液聚合封口。有时为了加快聚合可加进3滴4％的

TEMED 溶液，或放进 30℃贮藏箱中，提高聚合温度。

(2)分离胶制备 按上述比例，配成 16 mL 的分离胶液倒进已封口的膜中，胶膜上部空余 2～3 cm，用注射器装水在胶液上表面轻注 1 层(2～3 mm)水，静置使其聚合(也可提高温度加速聚合)。当聚合完成时，可在水层下面见到明显的水胶分界线。

(3)浓缩胶制备 倒去聚合分离胶表面的水层，将 4、5、6、7 四种试剂按 1∶2∶4∶1 的比例配成浓缩胶液(约 4 mL)，倒进胶膜中分离胶的上面，在浓缩胶液中插进样品槽梳子，使模板下沿距分离胶约 1.0 cm，然后放到阳光下聚合。如无阳光照射可于日光灯下约 10 cm 处聚合，聚合后浓缩胶显乳白色，然后小心抽去祥品槽模板，吸去样品槽中液体即可使用。

五、酶样品的提取

(1)水稻干种子提取法 取水稻种用去壳机去壳放入小研钵，每钵 1 粒米粒，加 3 滴提取液(20%度糖和电极缓冲液配成)，充分研磨成匀浆，移到 1.5 mL 塑料离心管，在 5 000 r/min 下离心 20 min，备用。

(2)水稻幼苗提取法 取水稻种子样品，浸种 3 h，然后在 30℃条件下培养，至种胚萌动或长芽后取出整个种胚，放入研钵内，每个研钵放一个种胚，加入 3 滴提取液，充分匀浆，移入 1.5 mL 离心管，在 5 000 r/min 下离心 15 min，备用。

六、进样

用微量进样器或用微量移液器吸取样品提取液(25～50 μL)，加进浓缩胶的样品槽中，每槽一样。不同样品之间要防止污染。样品槽中，样品液不能加得太满。

七、电泳

取电极缓冲液 80 mL，加水至 800 mL，倒入电泳槽中浸淹电极，前槽中电极缓冲液还应淹过胶膜的上口约 3 mm，使其与凝胶接触。样品液上方不能留有气泡。再在前槽中滴加 1～2 滴 0.1%的溴酚蓝溶液。接上电泳仪，前槽接负极，后槽接正极。打开电源开关调节电流到 10 mA (起始电流)，当溴酚蓝指示剂进入分离胶时升电流到 20 mA，电泳中一般要求电流保持稳定。当溴酚蓝指示剂移至分离胶模底部约 1.5 cm 时，就可关闭电源停止电泳。

八、剥、取凝胶

拔下电源插头，倒出电极缓冲液，前后槽的溶液分别盛放，可重复使用 2～3 次。

旋下螺母，拆下胶膜，掰掉硅橡胶带。用长针头注射器吸满水，将针头插入凝胶与玻璃板之间，边推注水边移动针头，使凝胶与玻璃板分离。除去一玻璃板后用同样方法分离另一面的玻璃板。将凝胶片移入适当大小的培养皿中，用去离子水冲洗两次，即可进行酶的显色。

取胶时不要损伤凝胶的表面。凝胶片下端不平整部分用刀片裁去，并在胶片角上切去一小块作为从左到右的样品顺序标记。

九、酶电泳图谱的显色

不同的酶有不同的显色配方，酯酶的显色方法：

称取 30 mg α-醋酸萘酯，30 mg β-醋酸萘酯，用少许丙酮(1 mL)溶解后，加入 90 mL pH 6.5

的 0.1 mol/L 的磷酸盐缓冲液(0.2 mol/L 磷酸缓冲液 45 mL 加水 45 mL)最后加入 60 mg 坚牢蓝,溶解后即为酯酶的显色液。将凝胶片浸入显色液中,37℃箱中显色到酶带显现(1.0～1.5 h)。倒去显色液,胶片冲洗 2～3 次,倒入 7%醋酸溶液固定。

十、谱带的观察记录、结果填报

电泳谱带的观察最好在有透射光的条件下进行。一般是根据同工酶谱带的条数,以及酶带所处的位置来判别该种子样品是否属于本品种。当电泳谱带深浅差异显著时,也可作为判别的依据,但此项判别要慎重,因为样品的提取等处理还未达到定量分析的要求,粗放的操作本身就是可能影响到酶谱带颜色深浅。

技能训练 2-10 加工与贮藏

一、训练目标

依据种子物理特性和清选和精选原理,能正确清选和精选种子;掌握水稻种子安全贮藏技术。

二、训练材料与用具

水稻种子,各种筛孔筛子,种子清选精选设备,贮藏设备,台秤。

三、训练内容

(一)水稻种子加工

可根据种子形状、尺寸大小、种子比重、空气动力学特性、种子色泽和种子静电特性的差异等,进行清选和精选。

1. 接收物料

(1)脱粒 含水量大于 17%～18%,要防止机械损伤。

(2)预清 根据需要除去影响种子流动的大杂质(如碎片、断穗、麦芒、大粒种子)和轻、密度小的夹杂物。一般用风筛预清机。

(3)去芒 除去带芒种子的芒和绒毛,防止在基本清选时影响种子自动分级和流动性。要求种子含水量在 14%,并要求机器转速较低。

2. 基本清选

这是一切种子加工过程中必要的工序。其目的是清除种子的夹杂物(颖壳、碎茎片、空瘪粒、尘土、其他作物种子)及大于或小于所规定尺寸范围的种子。一般采用风筛清选机。主要按种子大小及杂质的轻重进行分离,使种子基本达到要求标准。

3. 精选

进一步按种子长短分类,使种子外形尺寸一致,提高种子的商品性。一般采用复式种子精选设备来完成精选工作。

(二)水稻种子贮藏

1. 掌握合理晾晒

一般在早晨收获的稻种,即使是晴朗天气由于受朝露影响,种子水分可达28%～30%,午后收获的稻种在25%左右。种子脱粒后,立即进行曝晒,只要在平均温度能达到40℃以上的烈日下,经过2～3 d曝晒即可达到安全水分标准。当晒时如阳光强烈,要多加翻动,以防受热不匀,发生爆腰现象,水泥晒场尤应注意这一问题。早晨出晒不宜过早,事先还应预热场地,否则由于场地与受热种子温差大会发生水分转移,影响干燥效果,这种情况对于摊晒过厚的种子更为明显。

2. 严格控制入库水分

水稻种子的安全水分标准,应随种子类型、保管季节和当地气候特点分别考虑拟定。一般气温高,水分要低;气温低,水分可高些。生产上,一般早稻种子的入库水分掌握严一些。晚稻尤其是晚粳稻种子入库水分可适当放宽些。这是因为晚稻入库时气温较低,提供干燥条件困难,粳稻种子又不易降低水分等原因而定的。总之,经过高温季节的稻种,水分必须控制严格些,进入低温季节的稻种,水分可适当放宽些。种子水分降低到6%左右,温度在0℃左右,适用于种质资源的中长期贮藏。常规贮藏的生产用种因地区而异,南方度夏的种子,水分应降至12%～13%及以下,北方地区可放宽至14%。水分超过14%的水稻种子次年发芽率会有明显下降。

近年来,我国南方开始兴建恒温库,温度可保持在15～20℃,用于杂交稻种子和备荒稻种贮藏。

3. 密闭贮藏水稻种子

水稻种子堆孔隙度较大(50%～60%),通气性好,易受外界温度的影响。为了保持种子低温、干燥的贮藏状态,宜采用密闭贮藏。我国东北地区为防止高水分种子受冻,常采用窖藏和围堆密闭的贮藏形式。由于窖藏温度一般在－10～－5℃,种子水分16%即可安全越冬。这种方法对于入冬前来不及干燥的晚熟品种尤为适用。

4. 防治仓虫和霉变

我国稻区高温潮湿,易滋生仓虫。危害水稻种子的主要仓虫有米象、麦蛾、大谷盗、粉斑螟等,除采用干燥与低温密闭压盖的贮藏措施,还可采用药剂熏杀和卫生防治。最常用的杀虫剂是有机磷化铝,另外还可用防虫磷等。磷化铝剂量控制在种子水分含量的12.5%以下,2 g/m^3空间,种子堆3 g,熏蒸7 d后,打开仓库释放毒气,3 h后,密闭贮藏管理。危害水稻种子贮藏的微生物主要是真菌中的曲霉和青霉。在种子充分干燥情况下密闭贮藏可抑制霉菌。

5. 少量稻种贮藏

可用干燥剂贮藏法。要注意干燥剂与种子的比例。

四、作业

1. 结合生产要求对水稻种子进行清选和精选。
2. 按照操作规程进行贮藏实践。

第三单元 玉 米

技能训练 3-1 土壤耕整,开厢起垄

一、训练目标

做好玉米播种前的材料准备工作、掌握玉米田的耕整方法和要求。

二、训练材料与用具

拖拉机、配套农机具、肥料、播种机、农药、绳、锹、耙等。

三、训练内容

(一)整地

玉米丰产要求土层深厚,有机质和速效养分含量较高,渗水与保水性能好,土壤酸碱度适宜范围 pH 5～8 左右。

1. 整地要求

一般要达到地面平整,土壤松碎,无大土块,表土层上虚下实,以利于出苗保苗。翻耙耢整地深度一般 20～25 cm,翻后需耙耢,平整细碎土块。同时,结合有机肥、底肥、全程一次肥的施入。

2. 春玉米前作收获后立即灭茬,结合施用有机肥进行冬前深耕

春玉米耕深一般 25～35 cm 为宜,耕耙后拉线定畦,按玉米行距用犁开沟。春季耕地要及早进行,宜浅不宜深,耕后立即耙耢,避免失墒。特别是春旱多风地区,应多次耙耢,使土壤上虚下实。播种前再镇压提墒,确保出苗。

3. 耕地后质量检查

检查有无重耕或漏耕、地面平整度、碎土程度(理想的土壤团块大小应该是既没有比 0.5～

1 mm 小得多的土块，也没有比 5～6 mm 大得多的土块）、疏松度（播种前耕层不能太松，太松不仅使种子与土粒接触不紧，而且使播种深度不匀，幼苗不齐，甚至引起幼苗期根系接触不到土壤而受旱。播前或播后镇压可调节过松现象，一般是播前松土深度不超过播种深度为宜）。

（二）开厢起垄

玉米开厢 1.2 m，厢面 80 cm，宽窄行 80 cm×40 cm，玉米品比试验种植密度一般 4 500～5 500 株/亩，每穴播种 2～3 粒以保证不缺苗；大田生产一般单粒点播，根据品种特性种植密度一般在 3 500～5 000 株/亩。

技能训练 3-2 播种

一、训练目标

掌握玉米播种时期的选择、播种量及播种方法。

二、训练材料与用具

配套农机具、肥料、播种机、农药、桶、锹等。

三、训练内容

（一）种子精选

在播种前要对籽粒进行粒选，选择籽粒饱满、大小均匀、颜色鲜亮、发芽率高的种子，去除秕、烂、霉、小的籽粒。

（二）种子处理

晒种。选晴好天气晒种 2 d 左右，将种子铺在垫有柴草的布或塑料布上，摊成 3～5 cm 薄层，并经常翻动以确保种子晾晒均匀。若在水泥地面晒种要注意及时翻动，以防温度过高烧种。

（三）播种时期

适时播种。春玉米播种一般以 10 cm 土温稳定在 10～12℃为宜；夏秋玉米适宜早播的时间取决于前作收获时间，应适期播种；秋玉米如延迟播种，后期易遭受低温危害影响产量和品质；套种玉米还必须掌握适宜的共生期，麦玉共生期一般不超过 20 d。

早播有利于玉米早期蹲苗、延长生育时期。麦玉套种，在小麦成熟前 7～15 d 趁墒套种。高产田晚套种，中低产田早套种。为了实现早播，麦收后抓紧时间灌足底墒水，要在 6 月 15 日以前播种完毕。

(四)播种量

玉米要合理密植。应根据不同玉米品种、不同种植区域和不同海拔高度确定合理种植密度,一般在我国南方山区单作种植密度为 3 000～3 500 株/亩;北方平原单作种植密度为 3 500～5 000 株/亩。

播种时要求深浅一致,播深 5 cm 左右,点播每穴 2～3 粒,质量高的包衣种子在生产上可以单粒机械播种,株距要均匀,覆土要严,确保一播全苗。

(五)株行距

1. 等行距单株留苗

植株分布要均匀,以充分利用地力和阳光。等行距种植下,一般行距 50～65 cm,株距 20～30 cm。

2. 等行距双株留苗

此方式在山区较普遍,行间适宜间作豆类。

3. 宽窄行

采用宽窄行种植,宽行 80 cm,窄行 40 cm,株距可根据密度而定,一般株距约 25 cm 左右,窄行可以采用三角形错穴种植,宽行可以套种其他作物。

(六)三种主要播种技术

1. 玉米直播技术

玉米直播有垄作、平作和分厢种植三种,可采用条播和点播。单粒点播每亩用种量 1.5 kg 左右;玉米试验为了保证基本苗,每穴播种 2～3 粒时,每亩用种量要根据播种量成倍增加。

2. 育苗移栽技术

育苗移栽的育苗方式主要有营养钵(袋)、营养块和营养球三种。整地后做成 1.3～1.6 m 宽的畦,利用腐熟有机肥配合少量磷钾肥配制营养土,播种后浅覆土或盖土杂肥,稍加镇压,播种后苗床可覆盖农膜或作物秸秆。播种后至出苗前,苗床应保持湿润,出苗后根据天气及苗情适当浇水。

一般来说,育苗移栽的播种期比直播要早,一般提早 15 d 左右,当玉米长到 3～4 叶时是移栽适宜期,一般春玉米苗龄 20 d 左右移栽,夏秋玉米苗龄 7～10 d 左右移栽。在移栽前一天浇湿苗床,选择晴天下午或阴天移栽,带土移苗,盖土 3 cm,栽后浇定根水。

3. 玉米地膜栽培技术

(1)选地整地和施基肥　底肥以有机肥为主,与化肥相结合,按每亩农家肥 1 000 kg、尿素 10 kg,磷肥 30 kg,钾肥 15 kg。

(2)起垄覆膜　采取宽窄行起垄种植,选膜厚 0.005～0.008 mm 的微膜,膜宽 60 cm,用膜量每亩 1.25～2 kg 左右。播种期比露地栽培可提早 7～15 d。播种后喷化学除草剂后盖膜。

(3)及时放苗出膜　当幼苗第 1 叶开展时,即用小刀破膜放苗出膜,然后用湿土把膜口盖严,以便保湿保温。育苗移栽的可先覆膜后移栽,后期注意培土防倒伏;随高温多雨季节来临,8～12 叶期后揭膜。

技能训练 3-3 苗期管理

一、训练目标

掌握玉米苗期的管理措施及要求，特别是玉米的间苗、定苗和覆膜技术。

二、训练材料与用具

肥料、锹、农药、肥料等。

三、训练内容

(一)苗期管理目标

保证苗全、苗齐、苗匀、苗壮，促进根系发育良好，植株敦实。

(二)苗期管理措施

1. 防旱，防板结，助苗出土

播种后遇天气干旱，土壤水分低于田间持水量的 60%时，应及时采取浇水和松土保墒。夏秋玉米播后遇大雨，土壤板结，应及时松土，破除板结，散墒透气，助苗出土。

2. 查苗，补种，育壮苗

对缺苗断垄的要及时催芽补种或带土移栽。适时间苗定苗，一般 3 叶间苗，4～5 叶定苗。对于地下害虫发生较重的地块，可以推迟定苗 1 个叶龄。

间苗定苗应按密度要求，去弱留壮，去杂苗、病苗。育苗移栽的，发现缺苗，要及时补栽。

3. 中耕施肥除草和蹲苗

玉米苗期中耕一般进行 2～3 次，定苗前第 1 次浅中耕(3～4.5 cm 深)；拔节前进行 1～2 次中耕，苗旁宜浅，行间宜深(9～12 m)。

苗期中耕对套播玉米尤为重要，在前作收获后，要及时进行中耕灭茬，追肥浇水，以保证全苗壮苗。

4. 防治病虫

玉米苗期要注意防治的主要害虫有地老虎、黏虫、金针虫等。可采用种子包衣或土壤处理的方法防治地下害虫。对于地下害虫较严重的地块，除种子包衣外，还可采用在基肥中拌入 3%辛硫磷颗粒剂来进行防治，即每 50 kg 复合肥拌入 3 kg 左右的 3%的辛硫磷颗粒剂，拌匀后使用。

技能训练 3-4 施肥、杂草防除及病虫害防治

一、训练目标

掌握玉米中后期的肥水、病虫草害、中耕等田间管理工作。

二、训练材料与用具

肥料、农药、盆、桶、锹、耙等。

三、训练内容

(一)施肥

俗话说:"玉米是个大肚汉,能吃能喝又能干"。亩产玉米 500 kg 以上的中高产田,根据夏玉米生长发育特点及示范区土壤条件需追施尿素 20～25 kg,也可根据土壤肥力情况适当追施磷肥。依据轻施提苗肥、重施攻穗肥、补施攻粒肥,分次追施,施肥技术如下。

1. 攻穗肥

播种后 45 d 左右,株高 120 cm 左右,追施攻穗肥。此期正是玉米生长最旺盛的时期,是决定果穗大小、籽粒多少的关键时期,需肥量最大。这次追肥占总追肥量的 80%～90%,宜在宽行中间,追远不追近。

2. 攻粒肥

播种后 60 d 左右,在玉米抽丝始期,追施攻粒肥,可以预防玉米后期脱肥,但用量不能太大,只占追肥总量的 10%～20%。亩追尿素 6～8 kg。

(二)灌溉

1. 沟灌和隔沟灌

玉米种植行距较宽,采用沟灌非常方便。还可采用隔沟灌的方式,即只在玉米宽行开沟灌水,既省工又省水。

2. 管道输水灌溉

一般地下采用硬塑管,地上采用塑料软管,一端接在水泵口上,另一端延伸到玉米田远端,边灌边退。

3. 喷灌和滴灌

喷灌和滴灌具有省水、省工、省地、保土和适应性强的特点。玉米田要不要浇水,应根据玉米的生长发育情况、天气情况和土壤含水量情况而定。播种时,良好的土壤墒情是实现苗全、苗齐、苗壮、苗匀的保证。若壤土含水量低于 16%,黏土含水量低于 20%,沙土含水量低于 12%即需要灌水。从玉米生长发育的需要和对产量影响较大的时期来看,一般应浇好 4 次关键水:

(1)拔节水　玉米苗期植株较小,耐旱、怕涝,适宜的土壤水分为田间持水量的 60%～

65%,一般情况下可以不浇水。但玉米拔节后,植株生长旺盛,雄穗和雌穗开始分化,需水量增加。墒情不足时,浇小水。

(2)大喇叭口水　该期进入需水临界始期,此期干旱会导致小花大量退化,容易造成雌雄花期不育,遭遇“卡脖旱”。

(3)抽穗开花水　玉米抽雄开花期前后,叶面积大,温度高,蒸腾蒸发旺盛,是玉米一生中需水量最多、对水分最敏感的时期。此期为需水高峰,应保证充足水分,如地表土手握不成团,应立即浇水。浇水一定要及时、灌足,不能等天靠雨,若发现叶片萎蔫再灌水就会减产。

(4)灌浆水　籽粒灌浆期间仍需要较多的水分。适宜的土壤含水量为田间持水量的70%~75%,低于70%就要灌水。此期保持表土疏松,下部湿润,保证有充足的水分,遇涝注意排水。

(三)除草

1. 土壤封闭性除草剂

(1)品种　目前用于玉米田土壤封闭的除草剂品种很多,效果比较好的有两个品种:40%玉丰悬乳剂和40%乙阿悬乳剂。

(2)使用时间　玉米播种后出苗前,即在播种后的3 d内施用。这一时期杂草正处于出苗期,易触药而死亡,待杂草出苗后再喷药,效果就不会太理想。

(3)使用剂量　亩用40%玉丰悬乳剂165 g或40%乙阿悬乳剂每亩180 mL。

(4)使用方法　要求必须在浇水或降雨后田间湿度较大时使用。兑药时要充分摇匀,然后按使用面积计算药量,并准确量取。先加少量水将药剂稀释成母液,然后按每亩药量兑水40~50 kg,搅拌均匀后对土壤表面均匀喷雾。喷药时采取边喷边退的方式进行。

2. 触杀性除草剂

(1)使用时间　在玉米出苗后使用。能有效地防除玉米田中所有已出土的15 cm以下杂草及未出土的一年生由种子繁育的禾本科杂草和阔叶杂草。

(2)使用剂量　常用药量,亩用150~200 g。

(3)使用方法　兑药时要充分摇匀,然后按使用面积计算药量,并准确量取。先加少量水将药剂稀释成母液,然后按每亩药量兑水30~50 kg,搅拌均匀后,定向喷雾于杂草及土壤表面,严禁喷到玉米上,以免玉米受害。

3. 喷药注意事项

①最好使用喷雾器,兑水量要充足,喷雾要均匀,勿重喷或漏喷,避免大风天气喷雾。

②如果土壤干旱,进行土壤处理时,应加大喷液量,可以提高灭草效果。

③喷药后地表形成一层药膜,不要中耕破坏药膜。

④喷药以早上10点前或下午4点后为好,避免药液挥发或破坏药膜。

⑤施药后24 h内如遇大雨,应及时补喷。

⑥喷药后及时用碱水清洗喷雾器械,免伤其他作物。

(四)玉米病虫害防治技术

玉米生产主要病害有粗缩病、大小斑病、黑粉病和纹枯病等;主要虫害有地下害虫、蓟马、黏虫、玉米螟、蚜虫和红蜘蛛等。

1. 苗期虫害主要有地下害虫、蓟马、黏虫和红蜘蛛

蓟马常群集在玉米心叶内进行危害，玉米被害后叶片上出现黄白色斑纹，严重时叶片扭曲畸形。黏虫是一种“暴食”性害虫，主要以幼虫咬食叶片进行危害，发生重时能将茎叶全部吃光。小地老虎常潜伏在苗心，叶片被害后呈缺刻或仅留表皮成透明孔洞。3 龄以后躲入土中，昼伏夜出，能将玉米嫩茎从基部咬断。

防治方法：可采用 50%辛硫磷乳油、50%甲胺磷乳油 1 000 倍、10%菊马乳油 2 000 倍，或 25%快杀灵每亩 70～80 mL 加水 40 kg 喷雾，防治蓟马和黏虫。

地下害虫的防治，可将所有种子于播种前一天，用 50%辛硫磷乳油 50 mL，加水 1.0 L 混匀后，均匀喷洒在 20 kg 的种子上，阴干后播种。

地老虎的防治可采用 50%辛硫磷每亩 0.2～0.25 kg，兑水 400～500 kg 顺垄灌根；50%辛硫磷或 90%的晶体敌百虫 0.5 kg 加水稀释，拌碎鲜草 50 kg，于傍晚撒于玉米苗附近，连撒两个晚上。

红蜘蛛发生的最根本条件就是干旱，越旱越严重。因此，要适时适度浇水。可用 20%三氯杀螨醇乳油、73%克螨特乳油 1 500 倍液喷雾防治。

2. 苗期病害主要有粗缩病和缺锌症

粗缩病多在玉米 5～6 叶时出现，病株叶色浓绿，叶片宽、短、硬、脆，且密集丛生，植株生长缓慢、矮化，是由带毒灰飞虱传毒使其发病。灰飞虱一般生活在杂草多的地方，因此，在小麦一喷三防时，要将田埂、地头、路边的杂草统一喷洒，以杀伤虫源。发现病株要及时拔除，减少传染源。

玉米缺锌的典型症状是：幼叶基部和中部出现黄色条纹，这些条纹的宽度不断扩大，并逐渐集中到叶片中脉两侧，叶片其他部分仍显绿色。一般在玉米幼苗 20～40 cm 时出现。缺锌症每亩可用 0.2%～0.3%硫酸锌溶液 25～30 kg，在玉米 4～5 叶期叶面喷雾防治。

3. 心叶末期和穗期主要害虫有玉米螟和蚜虫等

玉米螟可造成玉米花叶、钻蛀茎秆、危害雌穗和雄穗。玉米螟的防治应掌握在心叶末期，采用“三指一撮”法，用 1.5%辛硫磷颗粒剂按每亩 1.5～2 kg 用量丢心，防治效果明显。也可用菊酯类农药兑水 1 000 倍液或 50%辛硫磷乳剂 1 000 倍液，摘掉喷雾器的喷头，将药液喷入心叶丛中。对于蚜虫，抽雄和剪雄在一定程度上可减轻其危害，也可用 40%乐果乳油或 10%吡虫啉 1 000 倍液喷雾防治。

4. 心叶末期和穗期主要病害有纹枯病，黑粉病和大、小斑病

纹枯病发病的部位主要是叶鞘和果穗，其次是茎秆。叶片发病后，初为淡褐色斑块，有时呈水渍状，病害先从基部叶鞘开始，逐渐向植株上部发展，当病害发展到果穗后，穗苞上也形成云纹状大块病斑，不久上部茎叶即会全部枯死，以后整个果穗干缩。玉米大斑病发生在生长后期，主要危害叶片，病斑大而少，严重时全田一片枯黄。玉米小斑病在整个生育期都可发生，危害叶片、叶鞘和苞叶。玉米黑粉病在受害部位形成灰包，外包灰白色薄膜，薄膜破裂后散出黑褐色粉末，具有传染性。

防治方法：黑粉病的防治，可采用 25%粉锈宁可湿性粉剂 150 g，加 50 kg 种子拌种预防。如发现田间有发生黑粉病的植株，应及时拔除。在叶斑病发病初期，及时摘除下部 2～3 片病叶；可用 70%代森锰锌可湿性粉剂 400～500 倍液、70%甲基托布津或 50%多菌灵可湿性粉剂 500～800 倍液喷雾防治纹枯病和叶斑病。

5. 灌浆成熟期以防止发生青枯病和早衰为主

主要通过选用抗逆性强的品种，保证单株营养面积，加强田间管理，改善玉米群体的通风透光条件等农业栽培措施来防治。

四、作业

1. 对玉米进行中后期肥水管理；

2. 对玉米各种病虫害进行识别及防治。

技能训练 3-5　玉米有性杂交技术

一、训练目标

使学生了解玉米花器构造和开花习性，掌握玉米自交和杂交授粉技术。

二、训练材料与用具

小剪刀、回形针、大头针、小纸牌、铅笔、透明硫酸钠纸袋、70%酒精棉球等。

三、训练内容

(一)观察玉米的花器构造和开花习性

1. 玉米的花器构造

玉米是雌、雄同株异花植物。雄穗位于植株的顶端，为圆锥花序，由一根较粗的主轴和若干较细的分枝构成。主轴和分枝上有成对排列的小穗，主轴小穗行数多，分枝小穗行数少。成对小穗中一个有柄在上，一个无柄在下。每个小穗最外层有两个颖片，内有两朵小花，每朵小花有内外两个稃片，里面包着三个雄蕊和一个退化的雌蕊。

雌穗受精结实后叫果穗，是由茎秆中部节上的腋芽发育分化而成。雌穗由穗柄、苞叶、穗轴和雌小穗组成。穗轴上着生许多纵行排列的成对无柄雌小穗。每个小穗基部有 2 片革质的短护颖，内有两朵小花，上花正常，为可孕花，下花退化。正常小花外部有内、外稃，内部为子房、丝状花柱和柱头，柱头二裂，密布茸毛，新鲜的花丝能分泌黏液，粘着随风传来的花粉粒。玉米花器构造如图 3-5-1 所示。

2. 玉米的开花习性

同一植株的雄花比雌花一般早开花 1～3 d。雄穗抽雄后 2～3 d 开始开花散粉，也有边抽雄边散粉的。开花顺序是先主轴后分枝，主轴和分枝的中上部小花先开，然后再向上向下开花。一个雄穗从开花到结束约 5～8 d，开花后 3～4 d 花粉量最多。开花最适宜的温度是 25～28℃，最适宜的相对湿度是 70%～90%；温度超过 30℃，相对湿度低于 60%时开花减少，低于 30%时散粉后 1～2 h 花粉便失去了萌发能力；若温度超过 38℃或低于 18℃时雄穗不开花。在正常气候条件下，以上午开花最多，下午显著减少，上午 8～10 时最盛，11 时以后逐渐减少。

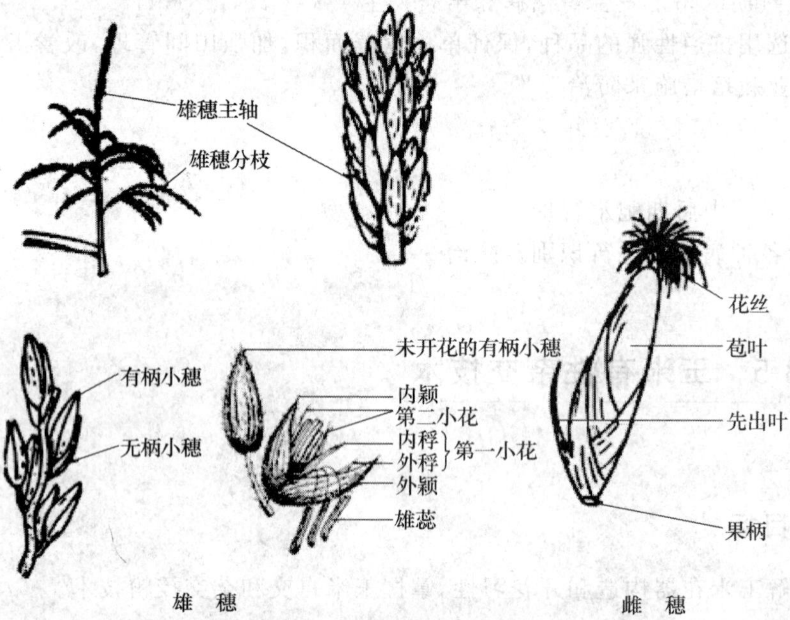

图 3-5-1　玉米的花器构造

阴雨天开花时间推迟。

玉米花粉细小而轻，借风力传播授粉。花粉粒在 28～30℃的温度和 65%～80%的相对湿度条件下花粉生活力最强，能保持 5～6 h，8h 后生活力明显下降，24 h 完全丧失生活力。花粉遇水会吸胀破裂，失去受精能力，人工辅助授粉必须当天收集花粉当天授，授粉应避免在有露水时进行。

吐丝比雄穗开花一般晚 2～5 d，也有雌雄穗同时开花的。一般穗中部吐丝最早，然后向上下两端，中部花丝最先伸长抽出，授粉机会多，所以果穗中部的籽粒多而且排列整齐。顶部吐丝最迟，往往会造成秃尖现象。若遇干旱缺水，会导致雄穗开花和雌穗吐丝间隔时间延长，造成花期不遇。花丝上密布茸毛，能分泌黏液，粘着花粉粒，花丝的任何一部分都可授粉，所以剪去一部分花丝并不影响授粉。

花丝寿命一般可以维持 10～13 d，刚抽出的花丝受精能力最强，7 d 后受精能力下降，13 d 后丧失受精能力。当气温高于 35℃，相对湿度低于 30%时花丝容易萎枯，不再能授粉受精，父母本开花授粉期应避开夏季高温天气，以免影响产量。

花粉粒落到花丝上后，如条件适宜，一般授粉后 24～36 h 就可以完成受精，受精后花丝停止伸长，颜色由浅变深，2～3 h 后枯萎。

（二）自交方法

(1)雌穗套袋　当选定的单株雌穗抽出叶鞘而花丝尚未吐露之前，用硫酸钠纸袋套上雌穗，注意要把袋口插入穗部叶鞘，以免被风吹掉。

(2)雄穗套袋　当套袋雌穗的花丝从苞叶中吐出 3 cm 左右时，在授粉前一天下午，用硫酸钠纸袋套上雄穗，并把纸袋口外折成三角形，用回形针别紧，防止花粉漏出。

(3)采粉授粉　雄穗套袋后第二天上午露水干后，一般在 8～11 时进行采粉。一手拿雄穗穗柄，把雄穗轻轻弯下并不断抖动，使新鲜花粉震落袋内，然后另一只手取下纸袋，叠牢袋口，将花粉聚集于袋角处。

与此同时，迅速把雌穗套袋取出，将采集的本株花粉授到花丝上，随即套回纸袋，用大头针把纸袋固定在雌穗上，注意雌穗上部纸袋留有一定的生长空间。授粉后挂上吊牌，写上品种名称、自交符号(⊗)、自交日期和授粉者姓名。

(三)杂交方法

玉米杂交方法与自交相似，不同之处是从父本自交系的雄穗采粉，授给母本自交系的雌穗。当母本的雌穗即将吐丝时，在给雌穗套袋的同时拔去同株的雄穗。授粉的前一天下午，选择父本自交系优良单株，将其雄穗套袋，第二天上午 8—11 时采粉并给母本授粉。母本雌穗接受父本花粉后仍套回纸袋，挂牌写明杂交亲本名称、杂交符号(×)、杂交日期、授粉者姓名。

四、作业

每人按上述方法，选作自交和杂交 2～3 个果穗，果穗成熟后检查结实情况，并写出实习报告。

技能训练 3-6 玉米杂交种子生产技术

一、训练目标

掌握玉米杂交种子生产技术。

二、训练材料与用具

材料：玉米杂交制种田。

用具：玉米授粉器，小竹筒(直径 5 cm)、细纱布、橡皮圈。

三、训练内容

(一)选地隔离

玉米制种生产中，选好制种基地，是保证种子纯度的第一个方法。

杂交制种田四周必须有严格的隔离区，这是保证杂交种子纯度的前提。在生产实践中，多数地区利用山区等自然条件，根据国家标准，杂交玉米制种田与其他玉米花粉来源地水平距离应不少于 300 m；甜、糯玉米和白玉米应在 400 m 以上。

制种基地除了保证隔离安全以外，还要选用土质肥沃、地力均匀、地势平坦、排灌方便的地块，为高产打下基础。

(二)规格播种

(1)确定合理的亲本行比　在保证父本行有足够的花粉，能满足对母本行授粉需要的前提下，尽可能增加母本的行数，是提高玉米杂交制种产量的重要措施之一。一般情况下，父母本行比以1∶(4～5)为宜，若是采用人工辅助授粉时，父母本行比可扩大为1∶6或1∶8。此外，可在制种区四周或地头种植父本采粉区，以备一旦父母本花期相遇不好，作为人工辅助授粉的采粉用株。同时，还可起到保护和隔离作用。但采粉区的父本要晚播5～7 d。

(2)调节亲本播期　制种区父母本花期相遇良好，是制种成败的关键。玉米制种最理想的花期相遇是母本吐丝盛期比父本散粉盛期早2～3 d。玉米雌穗花丝的生活力一般可维持0～7 d，抽丝后3～5 d接受花粉能力最强。雄穗的开花散粉期一般可维持5～7 d，其中第2～5 d为散粉盛期，散粉量占总散粉量的82%～93%，花粉的生活力一般可保持5～6 h。

调节花期的基本原则是：宁可母等父，不要父等母；迟熟早播，早熟晚播。调节花期的具体方法如下：

①用双亲的生育期确定播期。若母本的吐丝期比父本散粉期早2～3 d，则父母本同期播种；若双亲的抽穗期相同，则将母本浸种8～12 h后，与父本同期播种，或父本晚播3～4 d。必须注意，双亲花期相差的天数并不等于播种期相差的天数。

②用双亲的总叶片数确定播期。调节的原则是在生育期间母本比父本领先1～2片叶。因此，若母本比父本的总叶片数少1～2片，则父母本同期播种；若父母本的总叶片数相同，则先播母本，待其长到1～1.5片叶时再播父本，或将母本浸种8～12 h后与父本同期播种。

③采用父本分期播种法。若两亲本抽穗期相差较大或对两亲本的抽穗期差异不大了解，可采用父本分期播种，以保证花期相遇。一般父本可分为2～3期播种，春播时每期隔5～7 d，秋播时相隔3 d左右，对保证花期相遇和充分授粉有良好的作用。

(3)严格分清父母本行　若父母本同期播种，要有专人负责播种，严防播错种子；若父母本错期播种，要将晚播亲本的行距、行数在田间标记，以防重播、漏播；行向要正、直，不可交叉。

(4)制种区的种植行向　种植行向最好与当地在玉米散粉时的风向相垂直，以利于借助风力传粉，提高制种产量。

(5)合理密植　制种区的种植密度因亲本种类、栽培水平、土壤肥力等而异：单交制种，由于自交系植株较矮小，单株产量潜力小，一般密度为52 500～90 000株/hm^2；早熟或紧凑型自交系为75 000～90 000株/ hm^2；在水肥条件较好的田块，可适当加大密度，增株增穗，提高制种产量。

(三)花期预测与调节

制种区父母本花期是否相遇良好，是制种成败的关键。制种过程，虽然在播种时调整了父母本播期，但由于播种后气候、土壤或栽培条件的差异会使自交系花期发生变化，为此，应做好制种田花期预测与调节工作，使制种区父母本花期相遇良好。

(1)花期预测方法　花期预测方法很多，常用的方法有：

①据父母本已展叶片数预测。同一品种的叶片总数是相对稳定的，因此，可根据双亲已长出叶片数多少预测花期。方法是：在制种田里，选有代表性的点4～5个，每点选择父母本典型植株各5～10株，用红漆标记已展叶片数。拔节后，每隔3 d定期观察1次，计算展出的叶片数，预测双亲是否花期相遇。判断标准是：若父母本总叶片数相同，母本展出的叶片数比父本多1～2片，可望花期相遇；若父母本总叶片数不相同，则保持母本叶数展出完毕，父本还有1～2片叶未展出为花期相遇。

②叶脉预测法。适用于已知双亲各自的总叶片数,但事先没有定点标记叶片的情况。玉米植株各叶片上的侧脉数(R)与叶龄数(n)成一定的关系：

$$叶龄(n)=(R_1+R_2)/2-2$$

通过这种方法,计算出当时的最高叶龄,然后再按上述第一种预测方法来判断父母本花期是否相遇。

③据父母本未展出的叶片数来预测(又称剥叶检查法)。在不知双亲各自的总叶片数时,可用比较双亲未展出叶片数来预测。方法是:玉米拔节后,在制种田里选择有代表性的4～5个点,每点选择具有代表性的典型父母本植株各3～5株,小心剥出未展出的叶片,并记下未展出的叶片数,根据双亲的未展出叶片数来测定双亲花期能否相遇。标准是:生育期间母本的未展出叶比父本少1～2片,说明花期可相遇良好。

④镜检雄幼穗法。该法的应用及原理同剥叶检查法,花期相遇的标准是:生育期间母本雄穗的发育早于父本一个时期。方法是:在双亲拔节后,选有代表性的父母本植株,小心剥去全部叶片,观察雄穗的幼穗。若母本的雄穗发育早于父本一个时期,则花期可相遇良好。

(2)花期调节方法　经过花期预测,发现花期可能不遇时,应及时采取促晚控早措施调节花期。具体方法有：

①母本比父本早,应促父控母。加强对父本偏肥、偏水管理,促进父本生长;将母本去雄,时间推迟到即将要散粉时才进行,以延缓雌穗生长,吐丝推迟;母本晚间苗、定苗,深中耕断根抑制其生长;母本吐丝过早时,可将母本未授粉的花丝剪短,留2～3 cm,避免花丝过长而相互遮盖,影响结实率;若花期相差较大,可剥去母本第一苞,并及时追施速效氮肥,促进第二苞生长,以弥补制种损失。

②父本比母本早,应促母控父。加强对母本的肥水管理;对母本喷施生长素;母本提早去雄;剪短母本的苞叶;对父本进行深中耕或适当断根,以控制其生长。

(四)田间管理及除杂去劣

(1)间苗、定苗和补苗　适时间苗、定苗可以避免幼苗拥挤和相互遮光,节省土壤养分和水分,有利于培育壮苗。

两叶期检查缺苗情况,及时移苗补缺。玉米的间苗时间一般在3～4叶期进行,当玉米苗龄达到5片叶时,是定苗的最佳时期。生产实践中有“三叶间、五叶定,七到九为叶控,十叶以后要直攻”的经验。因为病害、虫咬以及生长不良的苗,经中午日晒,易发生萎蔫,便于识别淘汰;间定苗要掌握“去弱留强、间密存稀,定向、留匀、留壮”的原则,对矮苗、密叶苗、下粗上细而弯曲的遭病虫侵害的苗以及有明显差异的杂苗应彻底去掉。选留那些大小一致、植株均匀、茎基扁的壮苗;对缺穴、断垄处,可在相邻穴(行)留双苗,但双苗要尽量大小一致。

(2)施攻苞肥和攻粒肥　拔节后一周,重攻苞肥,抽雄期补施攻粒肥,提高制种产量。

(3)除杂去劣　这是保证种子质量的有效措施,分三次进行：

第一次(苗期):4～5叶期。根据叶鞘颜色、叶片形状和颜色,结合间苗进行,每穴留2株。拔节期再根据迟早及生长势不同除杂去劣,拔掉那些长势特别旺盛、拔节较早的杂株,然后定苗,每穴留苗1株。

第二次(抽雄期):根据雄穗分枝多少、花药色、花丝色不同清除杂株。

第三次(收获后):根据果穗形状、粒色、粒型、轴色清除杂穗。

(五)母本彻底去雄及人工辅助授粉

(1)母本去雄　要求及时、彻底、干净。实行带叶摸苞去雄(超前去雄)法,即在母本雄穗未露出之前,旗叶鼓肚时,带 1～2 片叶子超前去雄,不留残枝,做到抽雄不见雄,拔出的雄穗集中带出地头深埋。母本去雄要做到及时、彻底、干净,坚持天天进行,风雨无阻。当全田的 95% 的母本株已去雄时,可一次带顶叶把剩余母本全部去雄。

(2)人工辅助授粉　在父本花粉量不足或父母本花期相遇不好、母本吐丝持续时间过长、母本比例大时,则需采取人工采集花粉集中给母本花丝授粉的方法。采集花粉应在晴天、露水干后,早上 8—10 时进行。盛粉器不能用金属器皿,以厚纸盒较好。花粉采集后避光保存,随采随用,筛去花粉和黏结块后,放入授粉器内。授粉器一般采用内径 2.5 cm 左右长 20 cm 左右的竹筒、纸筒或塑料管,同一雌穗一般要每隔 2～3 d 授粉 2 次以上,以保证全部花丝均能接受花粉。

(六)割除父本

杂交制种中父母本的用途不同。母本接受花粉受精,形成杂交种子,是收获的目的产品;而父本只提供花粉,散粉后即完成其历史使命,其种子不是目的产品,没有收获的必要性,且易造成混杂,应予割除。同时,割除父本可以改善母本行通风透光条件,减少父母本对养分和水分的竞争,从而提高光合强度,增加干物质积累和粒重,提高制种产量。割除父本时间应在授粉结束后进行。

(七)适时收获

当制种田的种子成熟后要及时收获,以免种子发芽或霉烂,影响种子质量和产量。

收获时,在没有割除父本的制种田,严格进行父母本分别收获、运输、脱粒、贮藏,严防混杂。一般先收父本,然后清除落地的果穗后,再收母本。

母本果穗在脱粒前要进行穗选,淘汰杂、劣穗果。当果穗晒干至含水量降到 17%以下,方可脱粒、晾晒,并进行筛选、分级,除去秕粒、破粒和病虫粒。经晾晒或人工干燥达安全含水量后,才能入库贮藏。

包装入库时,袋内外都要有标签,并写明种子名称,注明质量等级、生产年份、数量及制种单位等。应专库或专堆存放,固定专人负责,定期检查翻晒,以保证种子质量。

四、作业

1. 每个学生都要参加制种田播种、除杂去劣、去雄、人工辅助授粉以及收获的全部过程;
2. 通过田间实践,要求每个学生能识别 2～3 个杂交种亲本的特征特性;
3. 收获后进行全面总结。

技能训练 3-7 田间调查记载及测产

一、训练目标

了解玉米生育时期及其特点，学会各种田间记载表格的填写。

二、训练材料与用具

尺、网袋、纸、笔等。

三、相关理论

(一)生育时期

(1)播种期 播种当天的日期，以日/月表示，下同。

(2)出苗期 全区有 50%穴数幼苗出土高达 2 cm 时的日期。

(3)三叶期 植株第三片叶露出叶心 2～3 cm。

(4)拔节期 植株雄穗伸长，茎节总长度达 2～3 cm，叶龄指数 30 左右。

(5)小喇叭口期 雌穗进入伸长期，雄穗进入四分体期，叶龄指数 46 左右。

(6)大喇叭口期 雌穗进入小花分化期、雄穗进入四分体期，叶龄指数 60 左右，雄穗主轴中上部小穗长度达 0.8 cm 左右，棒三叶甩开呈喇叭口状。

(7)抽雄期 全区 50%以上的植株雄穗顶端露出顶叶的日期。

(8)散粉期 植物雄穗开始散粉，全区 50%以上的雄穗主轴散粉的日期。

(9)吐丝期 全区 50%以上的雌穗抽出花丝的日期。

(10)籽粒形成期 果穗中部籽粒体积基本建成，胚乳呈现清浆状，也称灌浆期。

(11)乳熟期 植株果穗中部籽粒干重迅速增加并基本建成，胚乳呈现乳状后至糊状。

(12)蜡熟期 植株果穗中部籽粒干重迅速增加接近最大值，胚乳呈现蜡状。

(13)完熟期 籽粒基部出现黑色层，苞叶松动变白，乳线消失，以全田 50%以上植株进入该生育时期为标志。

(14)生育期 从出苗到出现成熟黑层的天数。

(二)农艺性状

(1)芽鞘色 展开 2 叶之前，目测幼苗第一叶叶鞘出现时的颜色：绿、浅紫、紫、深紫等。

(2)株型 抽雄后目测，分平展、半紧凑、紧凑型记载。

(3)株高 植株停止生长后，连续取小区内生育正常的 10 株，测量由地表到雄穗顶端的高度，求其平均值，用 cm 表示。

(4)茎粗 植株地上部第 3 节间中部扁平面的粗度，用 cm 表示。

(5)可见叶数 叶尖露出叶心达 2 cm 以上的叶片总数。

(6)展开叶数　充分展开的叶片数(整数),加上展开叶上面一个未展开叶的部分(小数)。

(7)总叶片数　主茎叶片的总数。

(8)叶龄指数　展开叶片数/总叶片数×100。

(9)穗位　测量株高的同时测量植株从地表到果穗柄着生节的高度,用 cm 表示。

(10)倒伏率(根倒)　植株倾斜度大于 45°者占全区株数的百分比,倒伏后立即调查。

(11)倒折率(茎折)　果穗以下部位折断的植株占全区株数的百分比,收获前调查。

(12)保绿度　目测成熟后茎叶呈绿色的百分比。

(13)空秆率　成熟后调查不结果穗或果穗结实 20 粒以下的植株占全区株数的百分比。

(14)双穗株率　成熟后调查结有双穗(第二穗结实 20 粒以上)的植株占全区株数的百分比。

(三)果穗性状(1～8 项一般随机取样 10 穗测量)

(1)穗长　测量从穗基部到顶端的长度,求其平均值,以 cm 表示。

(2)穗粗　将取样的果穗头尾相间排成一行,测量果穗中间直径,求其平均值,以 cm 表示。

(3)秃尖长　测量果穗顶端不结实部分的长度,求其平均值,以 cm 表示。

(4)穗型　分长筒型、短筒型、长锥型、短锥型。

(5)穗行数　计数果穗中部的籽粒行数,求其平均值。

(6)行粒数　每穗数一中等长度行的粒数,求其平均值。

(7)果穗重　风干果穗的重量,以 g 表示。

(8)穗粒重　果穗上全部籽粒的风干重,以 g 表示。

(9)粒色　分黄、白、橙红、浅黄。

(10)粒型　以果穗中部籽粒为准,分硬粒型、半马齿型、马齿型三种。

(11)轴色　分红、紫、粉、白。

(12)百粒重　随机取 100 粒籽粒称重,精确到 0.1 g,重复取样 3 次,取相近两个数的平均数,用 g 表示。

(13)出籽率　用取回样本调查,以百分数(%)表示,计算公式为:出籽率=(籽粒干重/果穗干重)×100%。

(14)籽粒产量　将计产样本的果穗风干后脱粒,称其籽粒干重,按标准水分(14%)折算,即为小区产量,再由小区产量折成亩产,用 kg 表示。每小区缺株数超过 10%的,本小区作报废处理。

(四)新品种测试性状

(1)雄穗分枝　散粉盛期目测 10 株雄穗一级侧枝数目,求其平均值。

(2)花药颜色　散粉盛期观测雄穗主轴上部 1/3 处新鲜花药颜色,分绿、浅紫、紫、深紫、黑紫等。

(3)全生育期叶数　分别在植株第三叶、第五叶、第十叶和第十五叶点漆标记,在轻度乳熟期统计 10 株全株叶片数,求其平均值。

(4)穗柄长度　腊熟期在小区边行选择 10 株剖开果穗苞叶,测量穗柄与穗位节间长度的比值，求其平均值。

(5)果穗与茎秆角度　腊熟期观测果穗与茎秆角度，用<45°、≥45°表示。

(6)苞叶情况　收获前观测果穗和苞叶。果穗明显露出苞叶定为极短，当苞叶刚好覆盖果穗或超出果穗一指以内，定为短，超出 2 指定为中，超出 3 指定为长。花丝颜色：抽丝期，新鲜花丝长出约 5 cm 时观测雌穗新鲜花丝颜色，分绿、浅紫、紫、深紫、黑紫等。

四、训练内容

(一)估产时期

测产又称估产，分预测法(目测和抽样测)和实测法(测样点上的实际产量)两种，前一种简便、迅速、误差大，特别是目测误差大；后一种结果准确，但费工、不及时。

玉米估产可在乳熟末期初测，在蜡熟末期复测，实测在成熟期进行。成熟期的标准：基部叶片枯黄，苞叶变白，疏松，籽粒变硬，有光泽，籽粒剥去尖冠出现黑色层。

(二)估产记载项目及标准

从大田选取具有代表性的样点内，连续选取 10～20 株植株，进行下述性状的考察：株高、双穗率、空秆率、穗位高度、茎粗、穗长、穗粗、秃尖长、穗行数、行粒数、果穗重、穗粒重。

(三)操作步骤

1. 选点取样

测产前应对不同栽培条件下的玉米田块进行目测，按高中低产量水平分类布点。一般每亩 10 个点，高中低测产点的比例为 3∶5∶2，每个测产点面积 12 m^2 左右。

全田均衡布点，每一地块按对角线选取 5 个点，其中一个在地的中央，其余各点均匀地分布在对角线上，然后从各点选取种植密度和生育状况一致的、有代表性的植株，注意周围不应有缺株或特别矮小的植株。每个样点选取代表性植株 10～20 株。

2. 测定公顷株数

每块田测 20～30 行的行距；间隔选出 4～5 行，每行测定 40～50 株的株距，求出平均株距，根据行距和株距求出每公顷株数。

选择的每一个点都要测定株行距。株距：在一行上任意 51 株的距离，然后平均(除以 50)即为株距。行距：任意测 21 行的距离，然后平均(除以 20)即为行距。

3. 考察经济性状

在各点选取代表性植株 10 株，按照成熟期经济性状考察项目记载标准对经济性状进行考察。

4. 测定结实率和每穗粒重(预测用)

在测定株距的地段上，计算株距的同时还要计算总穗数，得出单株结穗率(穗数/株数)。并在选定样本的植株上，剥去苞叶，数穗行数和行粒数，计算每穗粒数，然后根据该品种常年的千粒重，计算每穗粒重。

5. 测定样本粒重(实测用)

$$每穗粒重(g)=穗行数\times行粒数\times千粒重$$

各点所选植株，在收获时摘下全部果穗，脱粒晾干后，称其籽粒重量。

6. 计算产量

$$预测产量(kg/hm^2)=实际株数/hm^2\times单株结实率\times每穗粒数/1\ 000\ 000$$

$$实测产量(kg/hm^2)=实际株数/hm^2\times取样粒重/取样株数$$

五、作业

对玉米进行田间调查记载，并按表 3-7-1 至表 3-7-5 登记。

表 3-7-1 物候期记载表

编号	出苗 日/月	散粉 日/月	吐丝 日/月	成熟 日/月	株型	田间评价

表 3-7-2 农艺性状记载表

编号	叶片数	雄穗 分枝	花药色	花丝色	株高/ cm	穗位/ cm	倒伏/ %	倒折/ %	空秆/ %

表 3-7-3 果穗性状记载表

编号	穗长/ cm	穗粗/ cm	秃尖/ cm	穗型	穗行数	行粒数	粒型	百粒重/ g	出籽率/ %

表 3-7-4 玉米田间测产统计表

品种： 日期： 调查人：

样点	行距/cm	株距/cm	每公顷 株数	空秆率/%	双穗率/%	每公顷 穗数	穗粒数	百粒重/g	产量/ (kg/hm²)
1									
2									
合计									
平均									

表 3-7-5 玉米单株经济性状考察

株号	株高/cm	穗位高/cm	穗数/个	穗长/cm	秃顶长/cm	秃顶率/%	穗行数	行粒数	每穗粒数	果穗重/g	果穗籽粒重/g	出籽率/%
平均												

技能训练 3-8 收获与考种

一、训练目标

1. 掌握玉米田间收获时间及方法;
2. 掌握玉米室内考种项目及方法。

二、训练材料与用具

玉米代表性田块、植株、网袋、皮尺、直尺、标签、天平、脱粒机、记录本和铅笔等。

三、相关理论依据

(一)玉米收获

(1)适时收获 玉米适宜收获的时期,必须根据品种特性、成熟特征、栽培要求等掌握。黑层是玉米籽粒尖冠处的几层细胞,在玉米接近成熟时皱缩变黑而形成的。黑层的出现是玉米生理成熟的标志。黑层形成后,胚乳基部输导细胞被破坏,运输机能终止,即籽粒灌浆停止。

(2)完熟期 苞叶变黄,籽粒变硬,并表现出本品种的固有色泽时,即可收获。

(3)收获晾晒 玉米收获方法有人工收获和机械收获两种。机械收获能一次完成割秆、摘穗、切碎茎叶及抛撒还田等工序。收获后要及时脱粒、晾晒,在种子含水量降到13%以下方可入库。

(二)玉米室内考种项目

(1)果穗长度 测量第一果穗长度,单位 cm。

(2)穗粗 取固定的样品,以干果穗中部为准,量其直径,单位 cm。

(3)秃尖长度 风干果穗顶部无籽粒部分长度,单位 cm。

(4)穗行数 果穗中部籽粒行数。

(5)行粒数 果穗相对两行籽粒数的平均数。

(6)穗粒数　一穗的籽粒数。
(7)穗粒重　一穗的籽粒重。
(8)籽粒类型　分硬粒型、马齿型、半马齿型、半硬粒型记载。
(9)籽粒颜色　分红、黄、白三种。
(10)穗轴颜色　分红、白两种。
(11)籽粒出籽率　籽粒出籽率＝风干籽粒重/风干果穗重×100％。

四、训练内容

具体参考技能训练 2-8。

五、作业

1. 制定玉米种子收获方案，按要求识别并去除杂株，对玉米种子收获晾晒，确保种子安全贮藏；

2. 通过实训，使学生能够根据玉米的室内考种项目，每人进行实地考种 3 株(穗)，并将考种结果按表 3-8-1 登记。

表 3-8-1　玉米优良单株室内考种表

株号	果穗长度/cm	穗粗/cm	秃尖长度/cm	行粒数	穗粒数	穗粒重	籽粒重	籽粒类型	籽粒出籽率/%
1									
2									
3									
平均值									

技能训练 3-9　种子检验

技能训练 3-9-1　种子田间检验

一、训练目标

1. 掌握玉米的田间检验方法和程序；
2. 观察不同品种的植株、穗部或籽粒性状，并熟练鉴定品种的主要性状。

二、训练材料与用具

玉米种子田、米尺、放大镜、铅笔、记录本、标签等。

三、训练内容

具体参见技能训练 2-9-1。

四、作业

能够正确进行田间检验，按要求填写农作物杂交种子田田间检验结果单，按表 2-9-1-7 登记。

附录 玉米田间检验依据的主要性状

一、植株性状

(1)第一叶叶鞘颜色 绿色、淡紫色、紫色、深紫、黑紫。在展开 2 叶之前，观察幼苗第一叶叶鞘的颜色。

(2)第一叶尖端形状 尖、尖到圆、圆、圆到匙形、匙形。在幼苗期观测第一叶尖端形状。

(3)叶片边缘颜色 绿、红绿、紫红、紫。在展开 4 叶期观测第四展开叶。

(4)上位穗上叶与茎杆角度 在 50%植株开花时观测，小于 5°为极小，5°～30°为小，31°～60°为中等，61°～80°为大，大于 80°为极大。

(5)上位穗上叶性状 叶姿态，直、轻度下披、中度下披、强烈下披、极强下披。叶长，极短、短、中、长、极长。在轻度乳熟期用尺度量上位穗上叶叶环至叶尖的长度。叶宽，极窄、窄、中、宽、极宽。用尺度量上位穗上叶中下部的宽度。叶色，极淡绿、淡绿、绿、深绿、极深绿、紫绿。叶缘波状程度，弱、中、强。

(6)叶鞘色 绿、浅紫、紫、深紫、黑紫。观测穗位叶或上位穗上叶叶鞘。

(7)株高 地面至雄穗顶端的高度(cm)。

(8)穗位高 地面至第一果穗着生节的高度(cm)。

(9)株型 紧凑型、松散型。

二、雄穗性状

(1)雄穗抽出期 雄穗顶部从叶片抽出时期。

(2)雄穗抽出剑叶的长度 短，最低雄穗分枝没有抽出剑叶。中，最低雄穗分枝抽出剑叶 0～15 cm。长，最低雄穗分枝抽出剑叶 15 cm 以上。

(3)雄穗分枝长度 分短、中长、长。

(4)雄穗侧枝姿态 直立、轻度下弯、中度下弯、强烈下弯、极度下弯。

(5)雄穗小穗颖片或其基部的颜色 绿色、淡紫、紫、深紫、黑紫。在散粉盛期观测雄穗上部 1/3 处小穗颖片或其部颜色。

(6)花药颜色　绿色、浅紫、紫、深紫、黑紫。在散粉盛期观测雄穗主轴上部 1/3 处。

(7)雄穗主轴与分枝的角度　在 50%植株开花时观测。小于 5°为极小，5°～30°为小，31°～60°为中等，61°～80°为大，大于 80°为极大。

(8)雄穗小穗密度　疏、中、密。在散粉盛期观测雄穗主轴上部 1/3 处。

三、雌穗性状

(1)花丝颜色　绿色、浅紫色、紫色、深紫、黑紫，在吐丝期观察。

(2)果穗着生姿态　向上、水平、向下，在腊熟期观察。

(3)苞叶长度　用手指横在果穗顶端，果穗明显露出苞叶为极短；当苞叶刚好覆盖果穗或超出果穗一个手指以内为短，超出 2 个手指为中，超出 3 个手指为长。

(4)穗形　圆筒形、直圆锥形、中间形。

(5)穗长　果穗基部至穗顶的长度，分极长、长、中、短、极短。

(6)穗粗　分极粗、粗、中、细、极细。测量干果穗中部。

(7)穗轴色　白色、粉红色、红色、紫色。

(8)穗轴中部直径　细、中、粗，以 cm 表示。

(9)果穗籽粒行数　小于或等于 8 为极少，10～12 为少，14～16 为中、18～20 为多，大于或等于 22 为极多。

四、籽粒性状

(1)粒型　硬粒型、偏硬粒型、中间型、偏马齿型、马齿型、爆裂型、甜质型、糯质型。

(2)粒色及粒顶部色　白色、淡黄、黄色、橘黄、橙、橘红色、红色、深红、兰黑。

(3)籽粒形状　圆形、近圆形、中间形、近楔形、楔形。观察干果穗中部籽粒。

(4)籽粒大小　极小、小、中、大、极大。

(5)穗轴颖片色　白色、粉红、红、紫、黑紫。观测穗轴中部颖片。

五、主要性状

抽雄和抽穗期：雄穗的 50%植株出现的时间、雄穗开花时间、雄穗花粉的花青苷颜色、抽穗期的 50%植株吐丝时间、抽穗期花丝的花青苷颜色、茎上节的花青苷颜色、茎上节间的花青苷颜色、叶鞘的花青苷颜色、植株的高度(包括雄穗)、抽穗期的穗位(相对于株高)。

六、次要性状

(1)营养生长期　第一叶的鞘花青苷颜色、第一叶的叶长、第一叶的叶宽、第一叶的叶长与叶宽比、第一叶的叶尖形状、叶中部(植株 1/3 处)的姿态。

(2)抽雄和抽穗期　雄穗的颖片花青苷颜色、雄穗颖片基部的花青苷颜色、叶鞘边缘的茸毛、雄穗主轴和侧枝角度(雄穗下 1/3 部)、雄穗侧枝姿态、雄穗原始侧枝数、雄穗最低侧枝的主轴长、雄穗最高侧枝的主轴长、果穗的穗柄长度、果穗长度、果穗直径(穗中部)、果穗形状、果穗穗行数、果穗粒型、果穗顶部粒颜色、果穗远轴粒颜色、果穗包叶颖片轴花青苷颜色、果穗包叶花青苷颜色密度。

技能训练 3-9-2　种子扦样技术

一、训练目标

1. 熟悉各种扦样器和分样器的构造和使用方法。
2. 掌握种子不同包装形式的扦样器选择类型及扦样方法。
3. 掌握种子批划分方法。

二、训练材料与用具

玉米种子、各种类型扦样器、各种类型分样器、天平、分样板样品袋、标签、手套等。

三、扦样器具与使用方法

针对不同的包装形式，用合适的扦样器，根据扦样要求扦取初次样品。具体操作同技能训练 2-9-2。

四、分样器具与使用方法

常见的分样器有钟鼎式分样器、横格式分样器。具体操作同技能训练 2-9-2。

五、训练内容

①准备器具；
②划分种子批；
③扦取初次样品；
④配置混合样品；
⑤送验样品的制备和处理；
⑥填写扦样单。
以上操作同技能训练 2-9-2。

六、作业

能够正确进行种子扦样，填写种子扦样报告单。按表 2-9-2-4 登记。

技能训练 3-9-3　种子室内检验

训练一　种子净度分析

一、训练目标

1. 识别净种子、其他植物种子和杂质。
2. 掌握种子净度的分析技术。

二、训练材料与用具

1. 种子送验样品(玉米≥1 000 g);

2. 玉米种子送验样品一份,检验桌,分样板,套筛,感量 0.1 g、0.01 g 和 0.001 g 的天平,白磁盘,镊子,小刮板,放大镜,净度分析台等。

三、训练内容

具体操作同技能训练 2-9-3 中的“训练一　水稻种子净度分析”。

四、作业

对给定样品进行净度分析,按要求填写净度分析原始记载表及结果报告单,按表 2-9-3-1 和表 2-9-3-2 登记。

训练二　种子发芽试验

一、训练目标

掌握种子的标准发芽试验规定、发芽方法、幼苗鉴定标准和结果计算方法。

二、训练材料与用具

玉米种子、发芽盒、砂(已消毒)、发芽纸、光照发芽箱等

三、训练内容

1. 选用发芽床

玉米种子发芽技术规定可选用 BP 或 S,本试验选用砂床。按照《农作物种子检验规程》要求的砂粒,在使用前必须经洗涤、高温杀菌、消毒。

2. 数种置床

从净种子中用数种仪或手工随机数取 400 粒。将消毒拌好的湿砂装入培养盒至 4 cm 左右厚,把数取的种子排在培养盒内,每个盒内均匀排放 50 粒种子,8 次重复,粒与粒之间要保持一定的距离,避免种子受到病菌感染,再盖 1.5 cm 左右湿砂后放入种子培养箱内。

3. 在规定条件下培养

按照 GB/T 3543.4—1995 表 1 规定,玉米种子发芽温度最适为 25℃恒温,在光照下培养。

4. 检查管理

种子发芽期间,应进行适当的检查管理,做到发芽床始终保持湿润,水分不过多或过少。温度保持在所需温度的±2℃范围内。如采用变温发芽,则应按规定变换温度。如发现毒菌滋生,应及时取出洗涤去霉。当发霉种子超过 5%时,应更换发芽床,以免霉菌传开。如发现腐烂死亡种子,则应及时将其除去并记载。还应注意通气,避免因缺氧而使正常发芽受影响。

5. 观察记载

(1)试验持续时间　每个种的试验持续时间详见 GB/T 3543.4—1995 表 1,玉米种子发芽试验初次计数时间为 4 d,应把发霉的死种子或严重腐烂的幼苗及时从发芽床中除去,末次计

数时间为 7 d。如果样品在规定的试验时间内只有几粒种子开始发芽,则试验时间可延长 7 d,或延长规定时间的一半。反之,如果在规定的试验时间结束前,样品已达到最高发芽率,则该试验可提前结束。

(2)幼苗鉴定和观察计数　按照 2-9-3-2 附录一规定标准进行幼苗鉴定。末次计数时,按正常幼苗、不正常幼苗、新鲜不发芽种子、硬实和死种子分类计数和记载。

6. 重复试验

具体操作同技能训练 2-9-3 中的"训练二　水稻种子发芽试验"。

7. 结果计算

具体操作同技能训练 2-9-3 中的"训练二　水稻种子发芽试验"。

四、作业

按要求填写种子发芽试验结果记载表,按表 2-9-3-5 登记。

训练三　种子水分测定

一、训练目标

掌握玉米种子水分的测定方法。

二、训练材料与用具

恒温烘箱、电动粉碎(磨粉)机、分析天平、样品盒、干燥器、干燥剂、洗净烘干的磨口瓶等。

三、训练内容

高恒温干燥法将样品放置在 130～133℃的烘箱内烘干 1 h,适用于芹菜、燕麦属、西瓜、胡萝卜、大麦、莴苣、烟草、番茄、水稻、小麦属、玉米等的种子水分测定。

具体操作过程同技能训练 2-9-3 中的"训练三　水稻种子水分测定"。

四、作业

对玉米种子进行水分测定,若一个样品两次重复间的差距 $X_1-X_2\leqslant 0.2\%$,其结果用两次测定值的算术平均数表示。否则重做。精确度为 0.1%。按要求填写原始数据,按表 2-9-3-7 登记。

训练四　品种纯度鉴定

一、训练目标

掌握玉米品种纯度鉴定的方法。

二、训练材料与用具

1. 训练材料:玉米种子。

2. 试剂、仪器和设备:苯酚、愈创木酚、过氧化氢、氢氧化钾、氢氧化钠、氯化氢。体视显微镜、扩大镜、解剖镜、生长箱等。

三、训练内容

1. 送验样品的重量

品种纯度的送验样品的最小重量应符合表 2-9-3-8 的规定。

2. 种子鉴定

①形态鉴定法。不同种类种子可根据种子形态特征差异进行鉴别，玉米种子形态特征如种子粒形（圆粒、扁粒、长粒）、类型（马齿形、半马齿形、硬粒形）、颜色（白、浅黄、黄、橙黄、浅红、紫色），种子大小、果柄颜色（红、白、浅红、紫红）、顶部凹陷和饱满状况，种胚的大小和形状，籽粒表面圆滑程度、棱角的有无、颜色和花丝遗迹等特征，区别不同品种及利用胚乳直感鉴定父母本与杂交种，确定品种纯度。其中利用胚乳直感现象鉴定杂交种与父母本有明显颜色差异的亲本自交系粒是很有效的。例如，玉米杂交组合中母本籽粒顶端黄色、父本白黄色、杂交种为白色，据此可将母本自交系粒和杂交种区分为：黄色、胚乳橘红色，父本为白色，同样杂交种为白色、胚乳为橘红色，可明显将杂交种与母本自交系粒区分。

②玉米种子纯度盐溶蛋白电泳鉴定（见附加技能训练　玉米种子盐溶蛋白电泳鉴定原理及测定程序）。

3. 幼苗鉴别

随机从送验样品中数取 400 粒种子，鉴定时须设重复，每重复为 100 粒种子。在培养室或温室中，提供植株以加速发育的条件，当幼苗达到适宜评价的发育阶段时，对全部或部分幼苗进行鉴定。

根据杂种优势原理和质量性状遗传理论，将玉米种子进行 25℃恒温发芽，观察测定种苗的生长势和质量性状，以鉴定种子优劣。在已知品种的前提下区别自交系与杂交种较为可靠，如玉米种子 SC-704 的芽鞘是紫红色，其母本 773 的芽鞘是黄绿色的。

四、作业

对给定样品进行品种真实性及纯度鉴定，按要求填写品种纯度鉴定表及填报表，按表 2-9-3-9 登记。

附加技能训练　玉米种子盐溶蛋白电泳鉴定原理及测定程序

一、鉴定原理

从玉米种子中提取的盐溶蛋白在聚丙烯酰胺凝胶的浓缩效应、分子筛效应和电泳分离的电荷效应作用下进行分离，通过染色显示蛋白质谱带类型。不同玉米品种由于遗传组成的不同种子内所含的蛋白质种类有差异，这种差异可利用电泳图谱加以鉴别，从而对种子真实性和品种纯度进行鉴定。

二、测定程序

1. 清洗实验室全部仪器

2. 溶液配制

(1)电极缓冲液　称取甘氨酸 6.00 g,倒入 2 000 mL 烧杯中,加入 1 800 mL 去离子水溶解,用 2.0 mL 乳酸调至 pH 为 3.3,再加去离子水定容至 2 000 mL,混匀。

(2)样品提取液　称取氯化钠 5.80 g、蔗糖 200.00 g、甲基绿 0.15 g,倒入 1 000 mL 烧杯中,加去离子水 800 mL 溶解,加热至微沸,放至室温,再用去离子水定容至 1 000 mL。在 4℃条件下保存。

(3)分离胶缓冲液　取 1.43 mL 乳酸钠于 1 000 mL 烧杯中,加去离子水 980 mL,用乳酸调至 pH 为 3.0,再加去离子水定容至 1 000 mL,贮于棕色瓶中,在 4℃条件下保存。

(4)分离胶溶液　称取丙烯酰胺 112.50 g、N,N′-亚甲基双丙烯酰胺 3.75 g、抗坏血酸 0.25 g、硫酸亚铁 8.0 mg,用分离胶缓冲液溶解,再用分离胶缓冲液定容至 1 000 mL,过滤于棕色瓶中,在 4℃条件下保存,不超过 14 d。

(5)浓缩胶缓冲液　取 0.30 mL 乳酸钠于 200 mL 烧杯中,加去离子水 90 mL,用乳酸调至 pH 为 5.2,再加去离子水定容至 100 mL。贮于棕色瓶中,在 4℃条件下保存。

(6)浓缩胶溶液　称取丙烯酰胺 6.00 g、N,N′-亚甲基双丙烯酰胺 1.00 g、抗坏血酸 0.03 g、硫酸亚铁 0.8 mg,用浓缩胶缓冲液溶解,再用浓缩胶缓冲液定容至 100 mL,过滤于棕色瓶中,在 4℃条件下保存,不超过 6 d。

(7)3%的过氧化氢溶液　取 30%的过氧化氢 1 mL,加 9 mL 去离子水,贮于棕色瓶中,在 4℃条件下保存。

(8)染色液　取考马斯亮蓝 R250 2.00 g,在研钵中用 100 mL 无水乙醇研磨溶解,过滤于棕色瓶中。取 10 mL 该溶液,加入到 200 mL 的 10%(*W*/*V*)三氯乙酸溶液中,混匀。

3. 样品制备

按要求,从送验样品中随机分取玉米种子至少 100 粒,用单籽粒粉碎器粉碎,放入 1.5 mL 离心管中,用滴管加入与样品体积相同的样品提取液,摇匀,放置 5 min 后,再摇一次,30 min 后,用离心机离心(5 000 r/min)15 min,取上清液用于电泳。

4. 凝胶制备

(1)胶室制备　将预先洗净晾干的玻璃板装入胶条中,然后把胶条固定在垂直板电泳槽内,保持水平,短板向正极,拧紧螺栓,备用。

(2)封底缝　根据电泳槽大小,取适量分离胶液于烧杯中,用微量注射器加入适量 3%的过氧化氢溶液(一般每 5 mL 分离胶溶液加 3%的过氧化氢溶液 20 μL),迅速摇匀,并从长玻璃板外侧沿玻璃板倒入,振动电泳槽 3 次,放平。

(3)灌分离胶　底缝封住后,用滤纸条插入两玻璃板之间吸去因聚合而析出的水;量取分离胶溶液适量,加入 3%的过氧化氢溶液(一般每 15 mL 分离胶溶液加 3%的过氧化氢溶液 20 μL)迅速摇匀;倾斜电泳槽,将分离胶溶液倒入两玻璃板之间,高度距短玻璃板上沿 1.2 cm;放平电泳槽并在试验台上振动 3 次后,迅速加入适量的正丁醇封住胶面。待凝胶聚合后,吸出分离胶表面上的正丁醇,并用去离子水冲洗胶面 3 次,用滤纸吸干。

(4)灌浓缩胶　量取浓缩胶溶液适量,加入 3%的过氧化氢溶液(一般每 5 mL 浓缩胶溶液加 3%的过氧化氢溶液 40 L)迅速搅匀，倒入两玻璃板之间，马上插好样品梳，样品梳底部距分离胶顶部 0.5 cm。

5. 点样

浓缩胶聚合后，拔出样品梳并将样品槽清理干净，用微量进样器或用微量移液器在每个样品槽中加入不同籽粒的样品上清液 15μL，每点一粒后，都要用去离子水清洗进样器 3 次。

6. 电泳

加样完毕后，倒入电极缓冲液，上槽电极缓冲液面要高于短玻璃板，下槽电极缓冲液面要高于铂金丝；将电源线正极接上槽，负极接下槽；接通电源，采用 500 V 稳压进行电泳，待甲基绿指示剂下移至胶底部边缘时，关闭电源。

7. 卸板

倒出电极液，从电泳槽内取出胶室，卸下胶条，启开玻璃板，取出胶片，浸入染色液中。

8. 染色

在 30℃恒温条件下染色 2～4 h。

9. 洗板

取出胶片，用 0.5%的不加酶洗衣粉水洗净。

10. 结果计算

(1)电泳测定值计算　特整个供检样品电泳结束后，在观片灯上鉴定胶片上电泳谱带的特征和一致性，计数供检样品粒数和非本品种粒数，并计算电泳测定值 X。

$$X=(\text{供检样品}-\text{非本品种颗粒})/\text{供检样品粒数}\times 100\%$$

(2)样品纯度值计算　将电泳测定值 X 代入方程，计算出样品纯度值 Y，再将 Y 与 GB 4404.1 中的纯度值进行比较，判定样品是否合格。

$$Y=52.9+0.461X$$

(3)真实性及品种纯度鉴定　填写记载表及填报表，按表 2-9-3-9 登记。

技能训练 3-10　加工与贮藏

一、训练目标

1. 依据种子物理特性和清选精选原理，能正确清选精选种子；
2. 掌握玉米种子安全贮藏技术。

二、训练材料与用具

玉米种子，各种筛孔筛子，种子清选精选设备，贮藏设备，台秤等。

三、训练内容

(一)玉米种子加工

可根据种子形状、尺寸大小、种子比重、空气动力学特性、种子色泽和种子静电特性的差异等,进行清选和精选。

玉米果穗缓慢通过皮带输送机时分离出父本穗、杂穗及其他杂质,提高种子纯度。其他操作规程同技能训练 2-10。

(二)玉米种子贮藏

1. 果穗贮藏法

果穗贮藏法有挂藏和玉米仓堆藏两种。挂藏是将果穗苞叶编成辫,用绳逐个联结起来,挂在避雨通风的地方。有些是采用搭架挂藏,也有将玉米苞叶联结后围绕在树干上挂成圆锥体形状,并在圆锥体顶端披草防雨等各种形式。堆藏则是在露天地上设置圆形通风仓,将剥掉苞叶的玉米穗堆在里面越冬,次年再脱粒入仓,此法在我国北方采用较多。采用果穗贮藏时,果穗含水量应低于 17%,否则易遭受冻害。

2. 籽粒贮藏法

粒藏法有利于种子运输和提高仓容利用率,密度在 55%～60%,空气在籽粒堆内流通性较果穗堆内差。如果仓房密闭性能较好,可以减少外界温湿度的影响,能使种子在较长时间内保持干燥。在冬季入库的种子,则能保持较长时间低温。据试验,利用冬季低温种温在 0℃时将种子入库,面上盖一层干沙,到 6 月底种温仍能保持在 10℃左右,种子不生霉不生虫,并且无异常现象。

对于采用籽粒贮藏的玉米种子,当果穗收获后不要急于脱粒,应以果穗贮藏一段时间为好。这样对种子完成后熟过程,提高品质以及增强贮藏稳定性都非常有利。玉米种子的后熟期因品种而不同,一般经过 20～40 d 即可完成,再经过 15～30 d 贮藏之后,就可达到最高的发芽率。

粒藏种子的水分,一般不宜超过 13%,南方则在 12%以下才能安全过夏。据各地经验,散装堆高随种子水分而定。种子水分在 13%以下,堆高 3～3.5 m,可密闭贮藏。种子水分在 14%～16%,堆高 2～3 m,需间隙通风。种子水分在 16%以上,堆高 1～1.5 m,需通风,保管期不超过 6 个月,或采用低温保管,但要注意防止冻害。

3. 北方玉米种子安全越冬贮藏技术要点

在北方寒冷的天气到来之前,种子只有充分晒干,才能防止冻害。种子入仓及贮藏期间,含水量要始终保持在 14%以下,种子才能安全越冬。在贮藏期间要定期检查种子含水量,如发现种子水分超过安全贮藏水分,应及时通风透气,调节温湿度,以免种子受冻或霉变。

4. 南方玉米种子安全越夏贮藏技术要点

玉米种子越夏贮藏成功的关键是做好“低温、干燥、密闭”。“低温”的要求是 7、8、9 月高温多湿的 3 个月采用巧妙通风的办法,使仓温不高于 25℃,种温不高于 22℃;“干燥”是指严格控制越夏种子水分,越夏种子贮藏安全水分标准是小于 12%;“密闭”是指在种子贮藏性能稳定后,特别是水分达到越夏标准后,用塑料薄膜罩密闭种子和仓库门窗。

四、作业

1. 结合生产要求对玉米种子进行清选和精选。

2. 按照操作规程进行贮藏实践。

附加技能训练 玉米的形态特征及类型识别

一、目的

了解玉米的植物学形态特征,识别玉米的主要类型。

二、内容说明

(一)玉米植物学的形态特征

玉米是禾本科玉米属物,是一种茎叶繁茂,根群发达的高秆作物。各部分的特征如下:

1. 根

玉米具有发达的须根系。可深入土层 140~150 cm 以上,向四周发展可达 100~120 cm,但根系主要分布在地表下 30~50 cm 的土层内。根据根的发生时期、外部形态、部位和功能可以分为胚根和不定根(又称节根,生长在地下茎节的称为地下节根一次性生根;生长在地上茎节上的称为地上节根——气生根或支持根)。

(1)胚根　在胚中即已具有。种子发芽时首先生出一条初生胚根,继而从下胚轴处再生长 3~7 条次生胚根。初生胚根与次生胚根组成了玉米的初生根系,这些根系是玉米幼苗期的吸收器官。

(2)地下节根　是在三叶期至拔节期从密集的地下茎节上,由下而上轮生而出的根系。一般为 4~7 层,多者可达 8~9 层,但品种间或同一品种会因春、夏播不同而异。它是玉米一生中最重要的吸收器官。

(3)地上节根　是玉米拔节后从地上近地面处茎节上轮生出的根系。一般有 2~3 层。支持根粗壮坚韧,保护组织发达,表皮角质化。位于土表上的部分能形成叶绿素而呈绿色,有的见光后为紫色。支持根在物质吸收、合成及支撑防倒方面具有重要的作用。

2. 茎

直立,较粗大,圆柱形,一般高 1~3 cm,但因品种、土壤、气候和栽培条件不同而异。茎秆由若干节组成,通常有 14~25 个节,其中 4~6 个密集在地下部,节与节之间称为节间。各维管束分散排列于其中,靠外周的维管束小而多,排列紧密,靠中央的大而少,排列疏松。茎基部上腋芽能长成侧枝,称为分蘖,并能形成自己的根系。分蘖力因类型及品种而异。一般硬粒型及甜质型的分蘖力强。生长在良好条件下的大多数品种,各节间长度由下而上向顶式增加,而直径逐渐减小。一般情况下,穗颈下的节间最长,其次是穗位的上、下节间较长,各节间长度与环境条件密切相关。

3. 叶

形较窄长，深绿色，互生，包括叶鞘、叶片、叶舌三部分。叶鞘紧包茎部，有皱纹，这是与其他作物不同之点。在叶鞘顶部着生有加厚的叶片，叶片主脉明显，叶片边缘呈波浪状，各叶片大小与品种、在茎上的位置及栽培条件有关。由茎基至穗位（着生果穗节位）叶逐渐增大，由穗位叶至顶部叶又逐渐减小。一般穗位或穗位的上、下再叶为最大。玉米单株叶面积变化在 0.3～1.2 m^2 范围内。玉米第一片叶的尖端为椭圆形，其他各叶叶尖均为而狭长。玉米下部叶片（约为总叶数的 1/3 左右）表面光滑无茸毛，称之为光叶。有人认为光叶就是胚叶，紧挨着光叶往上的 1～2 片叶。因此，可根据各叶茸毛的特点，作为田间苗龄的诊断指标之一。叶是重要的光合、呼吸器官，在玉米叶片维管束鞘的大型细胞里，含有叶绿体，对降低光呼吸有重要作用。

4. 花序

玉米是雌雄同株异花异位的作物。有两种花序：一是位于茎顶端的圆锥花序，由雄花构成；一种是着生在叶腋肉穗花序，由雌花构成。

（1）雄花序　玉米雄花序的大小、形状、色泽因类型而异。在花序的主轴和分枝上成行地着生许多成对的小穗，两个成对小穗中一为有柄小穗，一为无柄小穗。每一小穗的两片颖片中包被着两朵雄花，每雄花由内稃、外稃、浆片、花丝、花药等构成。发育正常的雄花序有 1 000～1 200 个小穗，2 000～2 400 朵小花，每一小花中有 3 个花药，每一花药中有花粉粒 2 500 粒，故一个雄花药有 1 500 万～2 000 万个花粉粒。

（2）雌花序　玉米的雌花序由腋芽发育而成。一个植株上除上部 4～6 片叶子外，全部叶腋中都有腋芽，但通常只有 1～2 个腋芽能正常发育成果穗。果穗是变态的茎，具有缩短了的节间及变态的叶（苞叶）。果穗的中央部分为穗轴，红色或白色，穗轴上亦成行着生许多成对的无柄小穗，每一个小穗有宽短的二片革质颖片夹包着两朵上下排列的雌花，其中上位花具有内外稃、子房、花丝等部分，能接受花粉受精结实，而下位退化只残存有内外稃和雌雄蕊，不能结实。果穗为圆柱形或近圆锥形，每穗具有籽粒 8～24 行。

5. 子粒（颖果）

果皮、种皮、胚和胚乳组成。果皮与种皮紧密连结不易分开。玉米胚有较肥大的特点，胚乳糊粉层和淀粉层。一般占籽粒粒重的 10%～15%。胚乳是贮藏有机营养的地方，根据胚乳细胞中淀粉粒之间有无蛋白质胶体存在而使乳有角质胚乳和粉质胚乳之分，又由于支链淀粉和直链淀粉的淀粉含量不同，有蜡质胚乳和非蜡质胚乳之分。籽粒的颜色决定于种皮、糊粉层及胚乳颜色的配合。因此，有的是单色的，也有是杂色的，但生产上常见的是黄、白两种。种子的外形有的近于圆形，顶部平滑，有的扁平形，顶部凹陷。种子大小不一，一般千粒重 200～250 g，最小的只有 50 多 g，最大的达 400 g 以上，每个果穗的种子重占果穗重的百分比（子粒出产率）因品种而异，一般是 75%～85%。

（二）玉米粒型的特征

通常根据籽粒的谷壳性，即裸粒的或带稃的；籽粒的外部形态，即籽粒的形态及表面特征，籽粒的内部构造，即粉质胚乳和角质胚乳的着生情况等三个方面的性状，将玉米划分为九类型（亚种），其特征如下：

1. 硬粒型

又称普通种或燧石种。

果穗多为圆锥形，籽粒顶部圆而饱满，顶部和四周均为角质胚乳，中间为粉质。籽粒外表透明、坚硬、有光泽，多为黄色，次为白色，少部分为红、紫色。与马齿型比较其品质较好，耐低温，适应性强，成熟早，产量稳定，但较低，是生产上的主要类型之一。

2. 马齿型

又称中间型。是由硬粒型与马齿型杂交而成的杂交种。与马齿型的区别是籽粒顶部有不大明显的大凹陷，胚乳发达，粉质胚乳比马齿型小，较硬粒型多。因此品质好于马齿型，产量较高，是生产上种植较多的类型。目前生产上推广的杂交种都属半马齿型。它还不是一种稳定的类型。

3. 蜡质型

籽粒顶端圆形，表面光滑，但无光泽，切面透明，呈蜡状。胚乳全部由角质胚乳所组成，而且该型玉米籽粒的淀粉全部为支链淀粉（其他亚种中支链淀粉及直链淀粉组成约为 80%～20%之间）。由于该型玉米煮熟后具有糯性，故有“糯玉米”之称。此种原产我国，是玉米引入我国后在西南山地特殊条件下形成的一种生态型。主要在云南、广西、贵州一带零星种植。

4. 粉质型

籽粒圆形或近圆形，与硬粒种相似。不同者在于本类型籽粒胚乳全部由粉质胚乳所构成（极少有角质胚乳存在），外观不透明，表面光滑，切面全部呈粉状，籽粒颜色有白色及杂色等，胚乳中含淀粉 71.5%～82.66%，蛋白质 6.19%～12.18%，籽粒质地较软，极易磨成淀粉，是制淀粉和酿造的优良原料，我国很少栽培。

5. 甜质型

又称甜玉米。植株小而多叶，易生分蘖，穗长度中等，苞叶长，籽粒扁平，成熟时表面皱缩，且坚硬而透明，表面及切面均有光泽，胚较大，胚乳中含有多量糖分（乳熟期含糖量为 15%～18%）脂肪和蛋白质、淀粉含量低，籽粒形状及颜色多样，以黑色及黄色者较多。可分为普通甜玉米和超甜玉米两种。

6. 爆裂型

果穗小，穗轴较细小粒小，胚乳及果实均很坚硬，除胚乳中心部分有极少量粉质胚乳外，其余均为角质胚乳，故蛋白质含较高。本类型与其他类型最大的区别在于籽粒加热后有爆裂性。这主要是由于籽粒外层的坚韧而富弹性的胶体物质，内部胚乳在加热时体积又能显著膨胀猛裂冲破外层而翻到外面，故仅用于制作糕点之用。由于籽粒形状不同，可分为“米粒型”和“珍珠型”两种，前者籽粒较大（果穗也大一点），选端尖，呈米粒形，后者籽粒小，圆形，果穗细长。籽粒的颜色甚多而一般以金黄色及褐色者多。

7. 有稃型

此类型与其他类型的最大区别在于小穗的颖征和稃非常发达，呈羊皮纸质紧包于颖果之外，用一般方法难于脱粒。植株高大多叶，籽粒形状颜色及胚乳的性质为多样化，但一般方法难于脱粒。植株高大多叶，籽粒形状颜色及胚乳的性质及为多样化，但一般以角质胚乳较多，包围有粉质乳四周，籽粒一般呈圆形，其顶端较尖的比较普遍，果穗轴较细。小穗花有明显的小花梗，雄花序花枝发达，且雄花序上结实的返祖现象较为普遍。该类型属最原始类型，没有生产价值。

8. 甜粉型

籽粒上部为含糖分较多的角质胚乳，似甜质型，而下部为粉质胚乳。该类型我国目前没有种植。

(三)玉米和高粱叶部的区别

见表 3-10-1。

表 3-10-1 玉米和高粱叶部的区别

玉米	高粱
叶片薄、较大	叶片厚、较窄、表面有蜡粉
叶面较粗糙有毛	叶面平滑
叶缘波状起伏	叶缘平直
叶脉脊高、青白界限不明显	叶脉脊低、青白界限明显
叶基大	叶基小

三、材料及用具

玉米植株，玉米各类型的果穗，解剖刀，镊子，扩大镜。

四、方法与步骤

①取玉米植株，按根、茎、叶、花、穗、果实的顺序，仔细观察各部位的形态特征并进行鉴别。

②取玉米各种类型的果穗，仔细观察其籽粒的特征。并将籽粒纵剖开，观察剖面结构即角质胚乳与粉质胚乳的分布情况。

第四单元 油 菜

技能训练 4-1 土壤耕整，开厢起垄

一、训练目标

做好油菜播种前的材料准备工作、掌握油菜田的耕整方法和要求。

二、训练材料与用具

拖拉机、配套农机具、肥料、播种机、农药、绳、锹、耙等。

三、训练内容

(一)油菜对土壤的要求

土壤酸碱度 pH 5～8，以弱酸性或中性最为有利。油菜能忍受盐碱，在含盐量为 0.2%～0.26%的土壤上能正常生长。油菜最忌土壤僵板不透气，若土壤板结，播种时种子不能发芽，出土易烂种，幼苗期植株苗易僵化老死；移栽时不易发新根，幼苗生长缓慢甚至死亡。

选用土地平整肥沃，背风向阳，排灌方便的旱地、早茬地、半沙半黏地作苗床，前作为花生、芝麻或早黄豆地比较理想。

(二)整地

1. 苗床整地要求

油菜种子小，耕整要求达到“平、细、实、净、融”。即厢面平整，土层细碎并适当紧实、无残茬杂草、土肥融合。地势较低或土质黏重，必须做成高床(厢)，厢面宽 1.3～1.7 m，沟宽 0.27～0.33 m，沟深 0.15～0.25 m，便于排水。

2. 直播地整地要求

前茬收割后，趁土壤湿润进行翻耕，以免表土板结；翻耕后充分曝晒，疏松土壤；在土壤干湿适宜时进行耕耙保墒；要求达到土细土碎，厢面平整无大土块，不留大孔隙，土粒均匀疏松，干湿适度。

3. 稻田整地

水稻收获前适时排水晒田，收获后抓住晴天及时耕翻坑土晒垡，切忌湿耕，耕翻后的土壤应耖细整平，开沟作畦。在土壤黏重，地势低，排水困难的田块，宜采用深沟窄畦。畦宽 1.65～2.0 m，沟深 35 cm。

(三)开厢起垄

一般移栽油菜大田按每厢 2 m(含沟)开厢，除去厢沟厢面约 1.7m，沟深 15 cm。移栽规格按行距 40 cm，株距 20 cm。

技能训练 4-2 播种

一、训练目标

掌握油菜种子的播前处理技术，学会确定播种时期、播种量及播种方式。

二、训练材料与用具

种子、播种机、肥料、种子包衣剂、农药、皮尺、镐头等。

三、训练内容

(一)播前准备

(1)晒种 晒种 1～2 d，每天晒 3～4 h。

(2)选种 利用风力或筛将大小粒、菌核、空粒、秕粒、杂物等分开；也可以用浓度为 8%～10%的盐水选种(盐水浓度 8%～15%，黄泥浊液比重 1.05～1.08)，达到无秕粒、无霉粒、无菌核、无病粒和无虫蛀粒的标准。

(3)消毒 用 50～54℃的温水浸种 15～20 min 可以起到杀灭病菌及催芽两种作用。播种前还可用 80 mg/kg 的尿素加 16 mg/kg 的硼肥溶液浸种 5 h，能促进壮苗早发。

(二)播种期的确定

播种期的确定需要考虑气候条件、品种特性、种植制度及病虫害的发生情况。

一般播种期可定在旬平均气温 20℃左右时进行。春性强的品种应适当晚播，冬性和半冬性品种适当早播。长江流域一般甘蓝型迟熟品种宜早播(9 月上旬)，中早熟品种宜迟播(9 月中下旬播)，早熟品种可在 10 月上中旬播种。长江中下游杂交油菜一般宜在 9 月 25 日以前播种。双季晚稻田油菜可选用耐迟播品种，在10月中旬前播种，一般不宜超过10月底；若采用适宜密植的耐迟播半冬性品种如浙双72，10月中旬至11月上旬播种仍然可行。

(三)播种量

苗床应留足，苗床与大田比例一般为1：(4～5)，苗床播种一般甘蓝型油菜每亩播种量400～600 g，杂交品种为300～500 g，白菜型可适当增加播量，芥菜型则反之。

(四)播种密度

播种密度受地力、病虫害发生情况、气候条件等因素影响。其规律与其他大田作物一致。杂交油菜品种超稀植高产栽培试验，每亩移栽4 000株，产油菜籽200 kg/亩。地力较肥，早播以种植0.8万～1.2万株/亩左右为宜；中等地力水平下以种植1万～1.5万株/亩为宜；瘦地迟播以1.5万～2.5万株/亩为宜。9月下旬播种的，每亩定苗1.5万～1.8万株；10月上旬播种的，每亩定苗1.8万～2.0万株；10月下旬播种可增加到3万株。

(五)株行距

(1)宽窄行　可采用宽行46 cm，窄行33 cm的行距种植。

(2)宽行窄株　放宽行距，缩小株距(如行距33 cm，株距13～16 cm)的种植方式。

(3)等行株距　行、株(穴)相等的种植方法。在低密度下多采用。这种种植方式油菜的分枝分布较均匀，分枝及结果较多。

(六)播种

①苗床的准备。结合整地施足底肥，以有机肥为主，注意氮、磷、钾配合。可每亩施入土杂肥2 000～2 500 kg，加过磷酸钙10～30 kg，草木灰100～150 kg，硼砂0.5 kg，肥力不足的可加施尿素1.5 kg撒施于苗床表面。

②为了播种均匀，可将种子分厢定量，拌适量细土或草木灰撒播，或用1.5 kg细沙拌匀，来回撒播、高抛远撒、确保落籽出苗均匀。播种深度0.5～2.0 cm。

③播后每公顷用3 750～4 500 kg人粪尿兑水稀释泼浇；或每公顷用火土灰、土杂肥7 500 kg以及1 500 kg稻草覆盖，以利保温保湿。干旱时应进行沟灌抗旱促出苗，但严禁畦面漫灌。坚持"三湿"(床土湿、种子湿、盖土湿)播种法，就是连续晴天，也可保证4～5 d出苗。

④直播。直播栽培成败的关键是保证足苗、匀苗和壮苗。一般9月播种温度较高，如水分不足不易出苗，或易遭鸟害，播量在0.3 kg左右。10月15日前播种每亩用种量0.3 kg，10月15日以后播种每亩用种量0.4 kg。播后浅覆盖并注意灌水。出苗后三叶一心期间苗，五叶期定苗。除基肥在开沟前施下外，苗肥2～3片真叶和5～6片真叶时也可分次亩施尿素5～7.5 kg。此外，直播油菜草害严重，必须选用化学除草剂进行播前、播后化学除草，控制草害。

技能训练 4-3 苗期管理

一、训练目标

掌握油菜苗期的管理措施及要求，特别是油菜的间苗、定苗技术。

二、训练材料与用具

米尺，游标卡尺，铅笔等。

三、训练内容

(一)壮苗标准

绿叶 6～7 片，苗高 20～23 cm，根颈粗 6～7 mm。

(二)苗床管理

1. 早间苗定苗

齐苗后第一次间苗，做到苗不挤苗。一片真叶时第二次间苗，苗距为 3～6.5 cm，做到叶不搭叶。三片真叶时定苗，苗距 8～9 cm。应去小留大、去病留健、去弱留强、去杂留纯。

2. 早追肥除草

油菜出苗时即处于"离乳期"，五叶以前需要较多的养分，因而追肥要早，多在定苗期施第一次追肥；五叶期后不施或少施。移栽前 6～7 d 施一次"起身肥"。结合施肥注意除草。

3. 勤浇水排水

长江中下游播种后常有干旱发生，要及时抗旱保苗。雨多土湿则应及时清沟排水。

4. 勤防治病虫

苗期主要害虫有蚜虫、菜青虫、跳甲虫等，以蚜虫危害最重，除直接危害油菜外，还传播病毒病，可用 2.5%敌杀死 300 倍液防治。苗期病害有猝倒病、病毒病、霜霉病、白锈病等，在秋雨多的年份猝倒病危害严重，可用波尔多液防治。

(三)移栽

一般以旬平均气温 13～15℃移栽为好，长江中下游在 10 月中下旬为宜。有明显越冬期的地区，移栽至冬前应有 40～50 d 的有效生长期，以利形成壮苗越冬。移栽前一天应将苗床用水浇湿，取苗时要多带土，少伤根。最好边取苗，边移栽，边施定根肥。栽后浇足定根水。

(四)苗情考察

1. 幼苗类型

油菜苗床期常见有四种类型秧苗长相，即壮苗、旺苗、弱苗和僵苗。

壮苗株型矮健紧凑，叶密集丛生，根颈粗短；叶数多，叶大而厚，叶色正常，叶柄粗短；主根粗壮，支根、细根多；无病虫害。

旺苗叶数虽然较多，但叶柄过长，虽然根颈也较粗，但缩茎部明显伸长成为“高脚苗”或叫“长茎苗”。

瘦苗叶数较少，叶片细长，缩茎开始抽长，根颈粗度小，又叫“细线苗”。

僵苗叶数少，叶片小而短，缩茎短，根颈小，俗称“马兰头”秧苗。

2. 苗情考查项目

①目测判断苗的高矮、大小、叶片，判断油菜苗生长的整齐度，80%以上的植株生长一致为整齐、60%～80%的植株生长一致为一般，生长整齐的植株不足60%为不整齐。

②在目测判断的基础上，每组取10株(用一品种的，有代表性的，不同苗情的)进行观察比较：叶龄、绿叶数(已展开叶)、叶片大小(取单株最大叶片，量叶柄最长与最宽处的宽度)、根颈粗度(在子叶下量取)、植株开展度(以苗上部叶片开展的最大直径为准)。油菜苗情考查项目详见表4-3-1。

表4-3-1　油菜苗床不同苗情的考查

项目	根颈	植株开	叶片生长情况		最大叶			叶细胞	单株鲜重/g		单株干重/g	
苗类	粗/cm	展度/cm	脱落数	黄叶数	绿叶数	长度	宽度	汁浓度	地上部	地下部	地上部	地下部
壮苗												
旺苗												
弱苗												
僵苗												

技能训练4-4　施肥、杂草防除及病虫害防治

一、训练目标

掌握油菜中后期的肥水、病虫草害、中耕等田间管理工作。

二、训练材料与用具

肥料、农药、镐头等。

三、训练内容

(一)施肥

1. 基肥

每亩基肥用量参考：一般纯养分用量为 N 12 kg，P_2O_5 5 kg，K_2O 6 kg 以及硼砂 0.5 kg。直播油菜大田生活周期要长一些，基肥施用量可占总施肥量的 60%～70%。

2. 苗肥

一般在直播定苗后或移栽成活后及时施第一次苗肥，每亩用尿素约 5 kg，若基肥中磷、硼肥不足，苗肥应注意施磷和喷施硼肥(0.1～0.2 kg 硼砂溶于 100 kg 水)。

3. 腊肥

12 月中旬至 1 月中旬；腊肥以迟效性农家肥为主，配合一定数量的草木灰和过磷酸钙施用。生长过旺的幼苗，腊肥可少施或适当推迟施用，一般每公顷施猪牛栏粪 1 000～1 500 kg。

4. 薹肥

薹肥的施用应看苗而定，若叶色淡黄或发红，甚至全株带紫色，茎细弱则应早施，重施；反之应少施。通常在 1 月下旬至 2 月中旬施用。采用的秋发高产栽培或播期较晚的直播油菜，薹肥用量约为每亩施 7～10 kg 尿素，并根据苗情在现蕾后或薹高 12～18 cm 时酌量施下。为防止“花而不实”，在蕾薹期每公顷施用高效速溶硼肥 100 g 加水 30 kg 均匀喷施。

5. 花肥和粒肥

对春发不足，植株个体与群体均较少，到花期叶片未能封行，叶色淡绿或发黄的油菜地，应用人畜尿水加尿素追施花肥。否则可只对少数生长较差的植株补施。花肥一般在开花前后或初花期施用，用量为每亩 3～5 kg 尿素或硫酸铵 7～15 kg。

初花期用尿素 1.0%，磷酸二氢钾 0.3%～0.5%，硼砂 0.2%～0.3%溶液喷施作粒肥(每亩用水 100～130 kg)，是补救和控制油菜生长发育的有效方法，不仅增角、增粒、增重，还可以提高含油量。

(二)灌溉与清沟排渍

长江流域一般秋冬干旱比较普遍，应注意抗旱保苗。三叶期以前宜采用浇水灌溉，尤其以清粪水为佳。移栽和定苗后，要及时浇定根水，保持土壤湿润。苗期干旱，可引水沟灌，或结合追肥进行灌溉。冬前灌越冬水，可以缩小土壤的昼夜温差，减轻冻害死苗现象，增产效果很好。

开春后，我国南方时有阴雨连绵，造成土壤含水过高，通气不良，不利于油菜根系发育，但有利于菌核病的发生，春后及时清理三沟，保证排水畅通，雨住田干，可减少花角脱落及无效角果以及病害发生程度。

(三)病虫草害防治

1. 草害

直播油菜特别要加强化学除草。播种前每亩大田用 10%草甘膦 500 mL 加水 50 kg 喷雾或 50%异松乙草胺 70 mL/亩土壤封闭；播种后杂草三叶期亩用 24%烯草酮 38 mL/亩或 15%

精稳杀得 50 mL 或 5%精禾草克 50 mL 或 10.8%高效盖草能 30 mL 加水 40 kg 喷雾。草多的田块在 2 月 10 日前后要进行第二次化学除草。

2. 病虫害

病害以菌核病、病毒病、白锈病、霜霉病发生较普遍。虫害以蚜虫、菜青虫、跳甲发生较普遍。

(四)生长调节剂的使用

三叶期叶面喷施 100 mg/kg 的多效唑或稀效唑(即 15%多效唑,或稀效唑粉剂 50 g 兑水 50 kg 均匀喷施至叶片滴水),油菜幼苗高度显著矮化,根茎横向增粗,分枝数目明显增加,叶色变为深绿,移栽后成活快,有利增产。但若幼苗生长不良,长势弱时不宜喷施。

(五)中耕除草及培土

①直播油菜一般在定苗后进行一次浅中耕(3~5 cm),11 月份进行一次深中耕(7~10 cm),并结合培土壅蔸,可减少冻害和防止春后倒伏。

②移栽油菜栽后成活半月左右进行第一次浅中耕,消除表土板结,促进根系生长;11 月下旬和 12 月上旬进行一次深中耕,疏松土层,促进根系下扎;在 12 月下旬至 1 月上旬可再进行一次浅中耕,并结合培土壅蔸。

③应注意在大霜冻之时不宜中耕,以免损伤根系,加重冻害程度。

④三熟制油菜田,由于脱水时间短,不能晒田,收割水稻后来不及整地或整地质量不太好,冬季深中耕尤为重要。

技能训练 4-5 油菜有性杂交技术

一、训练目标

了解油菜花器构造和开花习性,掌握油菜有性杂交技术。

二、训练材料与用具

油菜品种若干、小剪刀、镊子、回形针、小纸牌、铅笔、硫酸钠纸袋等。

三、训练内容

(一)观察油菜的花器构造和开花习性

1. 油菜的花器构造

油菜属十字花科芸薹属,常异花授粉(甘蓝型和芥菜型,天然异交率一般为 5%~10%,最高不超过 30%)或异花授粉(白菜型,天然异交率一般为 80%~90%,甚至更高)作物。油菜的花序为总状无限花序,由主花序和分枝花序组成。在花序上互生许多单花,花由花柄、花萼、花冠和雄蕊等组成。花瓣 4 片与花萼 4 片互生，作十字形排列，称十字花冠。雄蕊 6 枚，侧面的一对为短花丝，中央的两对为长花丝，特称四强雄蕊。雌蕊由 2 心皮组成，由假隔膜(胚座框)将子房隔成两室。胚珠着生在心皮的边缘，为侧膜胚座。油菜的花器构造如图 4-5-1 所示。

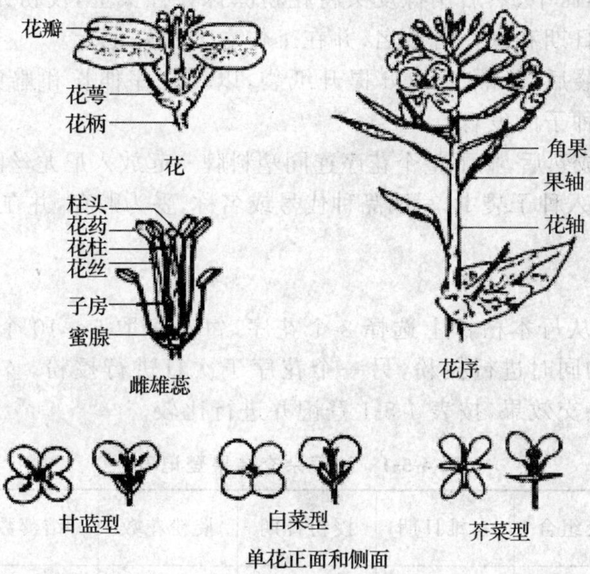

图 4-5-1　油菜的花器构造

2. 油菜的开花习性

油菜的开花顺序是先主花序，而后第一分枝、第二分枝花序依次由上而下开放，同一花序的花朵无论是主花序还是分枝花序都是由下向上依次开放。油菜单株花期的长短因品种、气候和栽培条件而异，一般为 20～30 d，每天开花时间一般在上午 7—12 时，以 9—11 时开花最盛。油菜开花散粉的最适相对湿度为 75%～85%，最适温度为 14～18℃。10℃以下开花数减少，5℃以下一般不开花。

油菜花的雌蕊较雄蕊先熟，且生活力较强，开花前后 7 d 内柱头均具有受精能力，但以 2～3 d 内受精结实率最高。油菜的花粉落在柱头上 45 min 后即可萌发，经 18～24 h 完成受精过程。

(二)杂交方法

(1)父本套袋隔离　在杂交前 1 d，选具有父本品种典型性状、健壮无病虫害的植株，用镊子摘去花序上已开放的花朵，然后套袋隔离，以供采粉。

(2)母本选株整序　在父本套袋隔离的同时，选具有母本品种典型性状、健壮无病虫害的植株，用镊子摘去花序上已开放的花朵和花序顶端的幼小花蕾，保留中下部即将开放的 10～15 个花蕾供去雄。

(3)去雄　用左手固定花序和花蕾，右手用镊子分开萼片和花瓣，小心地将 6 枚雄蕊摘去，切勿损伤柱头和余留花药，如遇花药破裂，应将该花去除，并将镊子尖浸入酒精中，以杀死所沾花粉。

(4)套袋挂牌　待所有花蕾去雄完毕后，立即套上纸袋并挂牌，纸牌上用铅笔写明母本名称、去雄日期等，下端袋口斜折，用回形针固定。同时将纸袋右上角叠成三角形并用回形针固定(表示未授粉)。

(5)授粉　授粉于去雄后的当天或次日选晴朗天气进行。

授粉时,先从父本花序上采集花瓣张开、花药刚破裂的花粉,涂在母本的柱头上,或从刚开放的花朵中采集已成熟的花药放在培养皿中,待温度稍高,花药开裂后授粉,大量授粉时,可用镊子将花粉取放在培养皿中,然后用橡皮头将花粉涂抹在柱头上,授粉完毕,复套纸袋,在纸牌上写明父本名称、授粉日期和操作者姓名,并在工作本上作好记录。

(6)管理　授粉套袋后,每隔 2～3 d 提升纸袋,以利花序伸长和避免穿破纸袋,约 1 周后取下纸袋,以利角果和种子的发育。

(7)收获　待角果成熟后,摘下整个花序连同塑料牌一起放入尼龙丝网袋中,晒干脱粒后,将种子连同塑料牌一起放入种子袋中,写明品种代号或名称,妥为贮存,并在工作本上作好记录。

四、作业

按上述方法,每人从母本植株上选择 2 个花序,每花序取 5～10 个花蕾,进行去雄工作。其中一个花序于去雄的同时进行授粉,另一个花序于次日进行授粉。7～10 d 后,去除纸袋,统计不同授粉时间的杂交效果,按表 4-5-1 登记并进行比较。

表 4-5-1　油菜杂交结果登记表

项目	杂交组合	去雄日期	授粉日期	授粉花数	结荚数	杂交成功率/%
去雄后次日授粉						
去雄后两日授粉						

技能训练 4-6　油菜杂交种子生产技术

一、训练目标

掌握湖北及长江中下游地区油菜杂交制种技术。

二、训练材料与用具

1. 材料:油菜杂交制种田。
2. 用具:油菜授粉器。

三、训练内容

(一)选好隔离区和制种田

1. 隔离区要求

油菜制种多采用空间隔离方法,制种区四周 2 000 m 范围内为隔离区,此区域内不能种植其他品种油菜以及白菜、萝卜、芥菜、腊菜、雪里蕻等其他十字花科作物。避免到了油菜花期，其他品种的油菜花粉传入制种区，造成混杂，降低种子纯度，严重降低种子质量。

2. 制种田选择

制种田应选择地形规则、地势平坦、土壤肥沃、肥力均匀、排灌方便、旱涝保收的田块，水稻田最好近一年内未种过油菜或十字花科蔬菜，旱地必须近 2～3 年内未种过油菜或十字花科蔬菜。

(二)培育壮苗

(1)苗床选择　苗床应选择在 3 年内没有种植油菜，也不曾种植过白菜、萝卜、芥菜等十字花科作物的田块上，以防上一季落在田里的油菜籽重新生长引起混杂。老菜田地就是一块严重滋生其他品种油菜籽和十字花科蔬菜籽较为典型的不利于育苗的地块；水稻田、黄豆地、芝麻地、山芋地、玉米地等均可做苗床地使用。同时要求土壤肥沃、地势平坦、肥力均匀，且靠近水源，排灌方便。低洼渍水田、冷浸田不宜做苗床。

(2)苗床面积　按计划制种面积留足苗床。苗床地大小与母本制种田以 1∶10 配制，父本以 1∶20 配制，一定要按照提供父母本的单位要求去确定合理的父母本行比。

(3)精细整理苗床　油菜种子发芽势比较弱，顶土能力差，尤其是母本，生命力更弱，出苗困难。为确保一播全苗，播前必须精细整地 2～3 次，做到苗床田土碎、厢平、地湿、草净，上虚下实。结合整地必须施足苗床基肥，亩施纯氮 12.5 kg/亩，纯磷(五氧化二磷)8 kg/亩，纯钾(氧化钾)10 kg/亩，N∶P∶K＝25∶16∶20，硼肥 1 kg。严禁施用油菜等十字花科作物秸秆沤制的农家肥。

(4)播种　播种前 3～4 d 应给苗床喷施除草剂[草甘膦(田中明草)＋乙草胺(芽前封闭)]，浇透水，足墒播种。最忌播后大水漫灌。

①播种期：播种期应比当地甘蓝型油菜适宜播期早 5～7 d。父母本开花期相同，父本和母本可同期播种；父母本花期不同则不能同期播种。黄淮地区一般在 9 月中旬播种，移栽于 9 月上旬育苗。长江流域一般在 9 月下旬播种育苗。此外，要根据各地区气候条件特点确定适宜播期。

②播种量：直播制种在父母本行比 1∶2 时，父本播种量 1 100 g/hm^2，母本播种量 1 800 g/hm^2；育苗移栽，苗床父母本播种量均按 0.6～0.8 g/m^2。

③播种方式：为避免播错、播混，父本与母本苗床需分开，即父母本分厢定量均匀撒播。种子要拌细土，播种时按厢定量分 2～3 次均匀撒播，然后用细灰分土(可加基质)覆盖，做到足墒、播匀、浅盖、不露子，保证一次全苗。

播种后，适量(用带花洒的水壶)浇水湿润即可，切忌浇水过量，导致土壤板结，影响出苗。腐熟的猪粪、烧过的草木灰等可做土杂肥施用。秋旱期间播种，为使土壤保持较好的墒情，有利于出苗，最好在出苗前用稻草等秸秆覆盖。

(5)苗床管理

①间苗：一叶一心(齐苗后)及时间苗，拔开丛生苗、堆堆苗，真叶期把油菜苗间成苗距 3～5 cm 的单苗，进行 2～3 次。

②定苗：三叶一心定苗，苗距 9 cm 左右，留苗 90～120 株/m^2。拔除混杂苗、异型苗、弱小苗。干旱时要及时浇水补墒，结合定苗进行除草松土，抗旱追肥。

③化学药剂调控：三叶期根据苗情，如果出现高脚苗或疯长苗，应该用多效唑或稀效唑进行喷施，培育矮壮苗。每公顷用15%多效唑可湿性粉剂 4 g，加水 4 kg，针对不同苗情喷施，注意喷药要一次性结束，不可重复喷，多余药水必须倒掉。

④提苗肥：三叶期应施提苗肥一次，每亩地追施尿素 10～15 kg，并掺入人畜粪浇施。

⑤送嫁肥：移栽前 5～7 d，追好送嫁肥，即每亩苗床地追施尿素 5～7g/m^2。为大田移栽时提高幼苗的成活率打下良好的基础。

⑥苗床除杂：移栽前，根据亲本苗的典型性状，清除各种杂苗。苗龄一般控制在 30～35 d 内。

⑦油菜虫害防治：对于病虫害方面，重点是防治蚜虫、菜青虫、跳甲、小菜蛾等。每亩用 10～20 g 吡虫啉(加锐劲特 30 mL)加水 30～40 kg 均匀喷施。

(三)制种田耕整、施肥及移栽

(1)制种田耕整　移栽前，大田必须精耕细整，要求土壤疏松细碎，开沟分厢的大田中，应厢平沟直，厢沟、围沟、腰沟三配套，沟与沟相通，做到排灌方便。大田一般整成 1.5 m 宽的厢面，厢面之间沟宽 26 cm，沟深 23 cm。每块厢面上按行距 30 cm、株距 20 cm 的标准打出 5 行穴，其中一行父本穴、四行母本穴，根据不同品种的特性，有的品种父母本行比为 3∶2，为了便于花期时父本花粉借助风力能准确有效地为母本油菜传授充足的花粉，大田垄向应该整成其行向与当地花期时的风向相垂直的最佳位置。

(2)配方施肥　大田整地后，首先要施足底肥，制种田肥力水平不宜过高，中等肥力田块即可。由于各地复合肥给出的氮、磷、钾的标准不同，所以给出施用标准，各地可需根据实际情况折算施肥。一般施用标准为纯氮 12 kg/亩、纯磷(P_2O_5)8 kg/亩、纯钾(K_2O)10 kg/亩，硼砂 1 kg/亩，氮、磷、钾、硼肥做底肥一次施用。氮肥按底肥、苗肥、薹肥比例为 5∶3∶2 施用，做到底肥足，苗肥早，薹肥轻，看苗追施薹肥。

(3)大田移栽　幼苗移栽前 3～4 d，大田应喷施除草剂，及时除去田间杂草。移栽前苗床应浇透水。

①移栽时期。移栽苗龄一般控制在 30～35 d(不超过 35 d)以内，即当幼苗长到 6～7 片真叶时移栽。要做到早栽早管，以促壮苗，争取高产。南方地区在 10 月底前应全部移栽完毕。

②移栽方式。移栽时每穴一株，单株移栽，按供种单位的要求确定好行比。父母本分栽，先栽母本，后栽父本。父母本按“栽壮苗，去弱苗；先栽大苗，后栽小苗”的原则分批对应移栽。父母本行比 1∶2 或 1∶3，规范移栽。对大规模制种区，可采取宽窄行移栽，即窄行栽父本，宽行栽母本。

③合理密植。一般栽母本 12 万～15 万株/hm^2，父本 3 万～6 万株/hm^2。

④移栽质量。移栽时起苗多带土，不伤根，大小苗分栽。移栽时要做到“行栽直、苗栽正、根栽稳、高脚苗适当栽深”，栽后浇足定根水。

(四)制种田田间管理

(1)及时补种补栽　对缺苗断垄以及移栽后出现死苗死株的田块，要及时补种或补栽，确保齐苗全苗。

(2)中耕松土施肥 移栽油菜返青活棵后，要及时中耕松土。除去田间杂草，疏松板结土壤，减少水分蒸发，促进根系生长(第一次中耕要浅，第二次中耕要深，越冬期前后中耕要浅)，有助于油菜安全越冬。结合中耕除草，年前应施腊肥一次，即亩施尿素 10 kg，施肥后结合浇一次水。年后抽薹前还应施蕾薹肥一次，亩施尿素 7.5 kg。10 月底 11 月初，结合中耕培土，保护根颈，防止冻害。培土高度以埋好根颈为标准，12 月中下旬要进行复培。

(3)灌水蓄墒 注意水分情况，降雨或降雪后要及时清沟，排水防渍，遇到旱情要浇水抗旱。长江流域往往秋冬干旱，春夏多雨，因此，一般只灌越冬水。

(4)杂草防除 对于田间杂草，应有选择性地施用除草剂，既能除去田间杂草又不伤及幼苗。单子叶杂草用 12.5%盖草能乳油(40～60 mL/亩兑水 30 kg)或 6.9%威霸乳油(40～50 mL/亩兑水 30 kg)防除；双子叶杂草用 50%高特克悬浮剂(30～40 mL/亩兑水 40 kg)防除；结合中耕人工清除田间杂草。

(5)病虫害防治 苗期以防蚜虫、菜青虫为主。后期注意防治菌核病，要及时清沟排水，摘除老叶黄叶，初花期用 40%的菌核净可湿性粉剂，每亩 100 g 兑水 40 kg 喷施。结合防病每亩喷施 1‰～2‰的硼砂和 3‰的磷酸二氢钾水溶液，提高结实率。

(五)调节花期，确保花期相遇

父母本开花期相同，父本和母本可同期播种；父母本花期不相同，则不宜同期播种。杂交油菜制种过程中，油菜母本想得到足够的花粉量，就应该让父本比母本早开花 1～2 d，而且父本谢花的时间要比母本晚 1～2 d，所以必须采取加强父本栽培措施，父本需精细管理，在抽薹期，根据田间父本长势情况，可采取浇化肥水或开沟条施的方法酌情对父本偏施氮肥，即每亩偏施尿素 2.5 kg，这样可以延长父本开花时间。如果母本开花期比父本迟 2～3 d，可在父本抽薹 10 cm 时，隔株轻摘父本蕾薹，以推迟父本开花时间，同时加强父本栽培管理，促使父本多分枝、多现蕾，延长开花期，使父母本花期相遇良好，以提高制种产量和质量。

(六)人工辅助授粉

初花期和盛花期在晴天无风或多云天气用机动喷雾器或绳子、竹竿等工具进行人工辅助授粉。即用机动喷雾器吹风传播父本花粉，或取一定长度绳索，两人各持绳的一端，平行向前移动达到授粉目的；或用竹竿与行向平行拨动父本，使父本行花粉抖落在母本柱头上。辅助授粉时间为晴天上午 10—12 时效果最好，每天进行 1～2 次。

(七)防杂保纯，提高种子质量

油菜去杂是整个制种过程中的重中之重，去杂的好坏直接决定油菜种子纯度的高低、质量的优劣。因此首先需学会准确识别杂株，去杂时要认真仔细，做到不漏掉一棵杂株，也不要损坏一棵好株，在母本开花前，首先要对隔离区进行彻底清理，凡在隔离区内的自生苗或十字花科蔬菜(如白菜、萝卜等)要进行彻底地铲除，千万不能漏除，造成串粉。

当油菜抽薹到 20 cm 左右时，是去杂的最佳时期。这个时期可以去除大部分杂株。母本去杂就是保留母本行中的不育株，去除可育株。所要保留的不育株有以下特征：具有少量黄化蕾，花蕾瘦小，花瓣窄小，雄蕊退缩，花药空瘪，黄褐色以及黄化蕾脱落后遗迹明显；所要去除的可育株是指那些花蕾饱满、花瓣正常、雄蕊发育良好、可以给雌蕊传授花粉的植株。

去杂至初花期时，需仔细检查最后一遍，去除少量漏拔的弱小植株。父本去杂时，拔除父本行内明显的混杂株，像花色发白的植株就需要拔掉。

(1)摘顶保纯　因为花药发育早期遇到不适气温，雄性不育系在初花期容易出现微量花粉，以主花序和上部分分枝早开的花为多。田间检验后，可采取摘除主花序和上部1～2个分枝，以保证制种纯度。如果在父母本花期相同的情况下，母本打蕾的，父本也要同时打蕾，以保证花期相遇良好。

(2)除杂去劣　分别在五叶期后、抽薹和初花期把不符合亲本典型性状的杂株、畸形株、弱株和病株拔除，并注意拔除母本行中串进的父本植株。成熟期收获前，对母本行的植株全面检查一次，对结角不正常、分枝特多、开反花的杂株全部拔除干净。

(八)砍除父本

砍除父本既可改善母本行的通风透光和肥水供应条件，增加母本粒重和产量，又可防止收获时机械混杂，保证种子纯度。通常在父本收花后3 d内及时从地表处割除全部父本植株，并带出制种地集中处理，作畜禽饲料或堆沤肥料。

(九)分收细打

(1)收获时间　全田70%～80%角果黄熟时收获，先收父本，后收母本，父本收后要进行1～2次清田，检查确实无父本残枝、断枝、漏株再收母本。如天气不好，母本收获可采取割头办法，以减轻堆藏体积，减少损失；如天气好，带秆收，有利于后熟和提高粒重。

(2)防止机械混杂　分别收获父母本后，分场堆放。收获后父母本分别摊晒于田间、地埂或堆垛后熟。堆垛方法是：垛高2 m左右，果枝朝外，茎秆在内，整齐堆放3～4 d再晒打、脱粒。在拉运和脱粒后，要注意清除所用工具中的杂种子，防止混杂。种子不宜在水泥场上暴晒，以免灼伤种胚，影响发芽。父母本要分别单晒、单藏，并附加标签。

四、作业

1. 每个学生都要参加制种田播种、除杂去劣、去雄、人工辅助授粉以及收获的全部过程；
2. 通过田间实践，要求每个学生能识别2～3个杂交种亲本的特征特性；
3. 收获后进行全面总结。

技能训练4-7　田间测产与考种

一、训练目标

掌握油菜田间测产技术。

二、训练材料与用具

植株、尺、天平、记录本、笔、剪刀、种子盘、数粒板等。

三、训练内容

(一)油菜的测产

(1)测产时间 油菜测产应在收获前5～7 d进行,在测产中不要浪费。油菜测产一般在绿熟期至黄熟期进行。按S形或五点取样法选择样点。

(2)测定点产量 测定有效株数,在要测产的田块内选取5个点(选点应在田块田角和中心,不可取边行),每样点1 m^2,每点随机取5～10株有代表性的植株,数每样点内的有效株数。计算单位面积株数;测定角果数,在每个样点中随机抽取5～10株,数其角果数,算出每株的角果数;测定每角粒数,在每个样点中取10个角果数其子粒数,求每个角果的子粒数。

(3)计算产量 理论产量可用测得的株数、每株有效角果数、每角果粒数和千粒重的乘积计算得出。千粒重可参考所测品种历年的千粒重。

(二)主要经济性状考察项目及标准

(1)株高 自子叶节至植株顶端的高度。

(2)有效分枝起点高度 指子叶节至主茎上最下一个第一次有效分枝着生处的高度。

(3)有效分枝数 主茎结有一个以上有效果的第一次分枝数。

(4)无效分枝数 没有一个结实角果的第一次分枝数。

(5)主花序有效长度 主花序基部叶节处至主花序顶部最上一个结实角果着生处的长度。

(6)主花序结果密度 主花序最下一个角果着生处到最上一个有效角果着生处的长度,去除总花序上总角果数,以果数/cm表示。

(7)主花有效角果数 指主花序上有效结实角果。

(8)全株有效果数 指全株含有一粒以上饱满或半饱满种子的角果数。

(9)每果粒数 以单株产量除以千粒重再乘1 000,得单株总粒数,再除以单株角果数,即得平均每果粒数,按下列公式计算。

$$\text{每果粒数}=\frac{\text{每株产量(g)}\div\text{千粒重(g)}\times 1\,000}{\text{单株角果数}}$$

(10)千粒重 数半饱满以上的晒干种子1 000粒称重,以g表示,重复2～3次,取其平均值。

(11)种子色泽 分黄、黑、红、棕等。

(12)单株产量 将全株种子称重,以g表示。

(13)理论产量的计算(种植密度由教师提供或现场调查)。

$$\text{理论产量}(\text{kg/hm}^2)=\frac{15\times 666.7\ \text{m}^2\ \text{内株数}\times\text{每株果数}\times\text{千粒重}}{1\,000\,000}$$

四、作业

对油菜进行田间测产并对主要的经济性状进行统计,按表4-7-1登记。

表 4-7-1 油菜主要经济性状考种表

品种	株高/cm	有效分枝起点高度/cm	一次分枝数		主花序有效长度/cm	主花序有效角果数/个	主花序结果密度/(个/cm)	每株有效角果数/个	每果粒数/个	千粒重/g	单株产量/g	种子色泽	理论产量/(kg/hm^2)	备注
			有效/个	无效/个										

技能训练 4-8 收获

一、训练目标

掌握油菜田间收获时间及方法。

二、训练材料与用具

油菜代表性田块、植株、皮尺、直尺、标签、天平、脱粒机、记录本和铅笔等。

三、相关理论依据

(1)去杂去劣 去杂工作应贯穿于整个生育期,在成熟期依据果序和角果长度、结果密度、角果形态及着生角度等去杂。

(2)确定收获期 收获过早,种子千粒重低,过晚则裂果落粒,损失大,造成浪费。油菜是无限花序,开花期长,角果成熟不一致。根据角果和种子色泽的变化,成熟过程一般划分为绿熟、黄熟和完熟3个时期。绿熟期主花序角果转现黄色,分枝上角果仍呈现绿色,大部分种子也未充实,含油量低、品质差。黄熟期主花序角果呈现杏黄色,表面有光泽,一次分枝上的角果已呈黄绿色,种子已发育完全,充实饱满,晒干后种皮呈现种子固有色泽,千粒重较高,是油菜收获的最适宜时期。完熟期大部分角果呈现黄色,种子千粒重下降,收获时落粒也较多。因此油菜收获是以全田70%～80%的角果转为黄色或主茎中部和上部第一分枝所结种子开始转色的时期为收获适期。

(3)及时收获,分级细打 5月中旬,母本黄熟期即可及时收获,以防倒伏后枝上发芽。分级细打后做到分放、分晒、分装,子不沾土,湿不进仓,从而提高种子发芽率,确保种子商品质量。当种子含水量降至9%以下方可入库。

四、作业

制定油菜种子收获方案,按要求识别并去除杂株,对玉米种子收获晾晒,确保种子安全贮藏。

技能训练 4-9 种子检验

技能训练 4-9-1 种子田间检验

一、训练目标

1. 掌握油菜的田间检验方法和程序;

2. 观察不同品种的植株性状,并熟练鉴定品种的主要性状。

二、训练材料与用具

油菜种子田、米尺、放大镜、铅笔、记录本、标签等。

三、训练内容

具体参见技能训练 2-9-1。

四、作业

能够正确进行田间检验，按要求填写田间检验结果单，按表 2-9-1-6 和表 2-9-1-7 登记。

附加技能训练　油菜田间检验依据的主要性状

一、植株性状

(1)子叶形状　心脏形、肾脏形、叉形。

(2)真叶性状　叶片色泽：黄绿、淡绿、绿、深绿、暗绿、蓝绿、灰绿、淡紫、深紫等色。叶缘：细锯齿、深锯齿、波状皱褶。

(3)分枝习性　下生分枝型、上生分枝型、中生分枝型。

二、花的性状

(1)花冠颜色　淡黄、黄、鲜黄、红黄或乳白色等。

(2)花柱颜色　淡黄色、紫色。

三、角果性状

(1)角果形状　细长角果、粗长角果、粗短角果、细短角果。

(2)角果长度　分长、中、短三级。

(3)角果着生类型　直生型(果柄与果轴所成的角度近 90°)；斜生型(果柄与果轴所成的角度为 40°～60°)；平生型(果柄与果轴所成的角度为 20°～30°)；垂生型(果柄与果轴所成角度大于 90°以上)。

四、种子性状

①种子形状。圆球形、近似球形、卵圆形。

②种子大小。千粒重 5 g 以上为极大粒，4～5 g 为大粒，2～4 g 只为中粒，1～2 g 为小粒，1 g 以下为极小粒。

③种皮颜色。黄、金黄、淡黄、淡褐、红褐和黑色等。

④种皮表面网纹形状，凸凹程度。

⑤种脐突出或平滑等。

技能训练 4-9-2 种子扦样技术

一、训练目标

1. 熟悉各种扦样器和分样器的构造和使用方法。
2. 掌握种子不同包装形式的扦样器选择类型及扦样方法。
3. 掌握种子批划分方法。

二、训练材料与用具

油菜种子、各种类型扦样器、各种类型分样器、天平、分样板样品袋、标签、手套等。

三、扦样器具与使用方法

针对不同的包装形式，用合适的扦样器，根据扦样要求扦取初次样品。具体操作同技能训练 2-9-2。

四、分样器具与使用方法

常见的分样器有钟鼎式分样器、横格式分样器。具体操作同技能训练 2-9-2。

五、训练内容

①准备器具；
②划分种子批；
③扦取初次样品；
④配置混合样品；
⑤送验样品的制备和处理；
⑥填写扦样单。
具体操作同技能训练 2-9-2。

六、作业

能够正确进行种子扦样，填写种子扦样报告单，并按表 2-9-2-4 登记。

技能训练 4-9-3 种子室内检验

训练一 油菜种子净度分析

一、训练目标

1. 识别油菜净种子、其他植物种子和杂质。
2. 掌握油菜种子净度的分析技术。

二、训练材料与用具

种子送验样品(白菜型油菜≥100 g、芥菜型油菜≥40 g、甘蓝型油菜≥100 g);

油菜种子送验样品一份,检验桌,分样板,套筛,感量 0.1 g、0.01 g 和 0.001 g 的天平,白磁盘,镊子,小刮板,放大镜,净度分析台等。

三、训练内容

具体操作方法与步骤参见技能训练 2-9-3 中的“训练一:水稻种子净度分析”。

四、作业

对给定样品进行净度分析,按要求填写净度分析原始记载表及结果报告单,按表 2-9-3-1 和表 2-9-3-2 登记。

训练二　油菜种子发芽试验

一、训练目标

掌握油菜种子的标准发芽试验规定、发芽方法、幼苗鉴定标准和结果计算方法。

二、训练材料与用具

油菜种子、发芽盒、光照发芽箱等。

三、训练内容

1. 选用发芽床

按油菜种子发芽技术规定可选用 TP。

2. 数种置床

从净种子中用数种仪或手工随机数取 400 粒种子,每皿播入 100 粒种子,4 次重复,在发芽盒的内侧面贴上标签,注明置床日期、样品编号、品种名称及重复序号等,然后盖好盖子。

3. 在规定条件下培养

按照 GB/T 3543.4—1995 表 1 规定,油菜种子发芽温度最适为 20℃恒温,在光照下培养。

4. 检查管理

种子发芽期间,应进行适当的检查管理,以保持适宜的发芽条件。

5. 观察记载

(1)试验持续时间　初次计数时间为 5 d,应把发霉的死种子或严重腐烂的幼苗及时从发芽床中除去,末次计数时间为 7 d。如果样品在规定的试验时间内只有几粒种子开始发芽,则试验时间可延长 7 d,或延长规定时间的一半。反之,如果在规定的试验时间结束前,样品已达到最高发芽率,则该试验可提前结束。

(2)幼苗鉴定和观察计数　按照 2-9-3 中“训练二　水稻种子发芽试验”附录一规定标准进行幼苗鉴定。末次计数时,按正常幼苗、不正常幼苗、新鲜不发芽种子、硬实和死种子分类计数和记载。

6. 重复试验

具体操作同技能训练 2-9-3 中“训练二　水稻种子发芽试验”。

7. 结果计算

具体操作同技能训练 2-9-3 中“训练二　水稻种子发芽试验”。

四、作业

按要求填写种子发芽试验结果记载表 4-9-3-1。

表 4-9-3-1　发芽试验结果记载表

样品编号				置床日期			
作物名称			品种名称		每重复置床种子数		
发芽前处理		发芽床		发芽温度		持续时间	
重　复							
Ⅰ		Ⅱ		Ⅲ		Ⅳ	
5 d	7 d	5 d	7 d	5 d	7 d	5 d	7 d

实验结果：

①常幼苗________%

②正常幼苗________%

③新鲜未发芽种子________%

④硬实种子________%

⑤死种子________%

检验员：　　年　月　日　　校验人：　　年　月　日　　审核人：　　年　月　日

训练三　油菜种子水分测定

一、训练目标

掌握油菜种子水分的测定方法。

二、训练材料与用具

恒温烘箱、电动粉碎（磨粉）机、分析天平、样品盒、干燥器、干燥剂、洗净烘干的磨口瓶等。

三、训练内容

低恒温干燥法将样品放置在（103±2）℃的烘箱内烘干 8h，适用于芸薹属、花生、大豆、棉属等的种子水分测定。具体操作规程如下：

（一）铝盒恒重

在水分测定前预先准备。将待用铝盒（带盒盖）洗净后，置于（103±2）℃的烘箱内烘干 1 h，然后取出置于干燥器内冷却称重，再继续烘干 30 min，取出后冷却称重，当两次烘干结果误差≤0.002 g 时，取两次平均值；否则，继续烘干至恒重。

(二)调节烘箱温度

将电烘箱的温度调节至 110～115℃进行预热，之后让其稳定在(103±2)℃。

(三)制备样品

水分测定送检样品必须装在防潮容器内，并且尽可能排除其中的空气。首先，取样时先将密闭容器内的样品充分混合，从中分别取出两个独立的试验样品 15～25 g，放入磨口瓶中。其次，进行样品磨碎，需磨碎的样品按表 2-9-3-6 要求进行处理后，立即装入磨口瓶中备用，最好立即称样，以减少样品水分变化。

(四)称样烘干

将处理好的样品在磨口瓶内充分混合，从中取试样 2 份，分别放入经过恒重的铝盒内进行称重，每份试样重 4.500～5.000 g，记下盒号、盒重和样品的实际重量。

摊平样品，立即放入预先调好温度的烘箱内，将样品放入烘箱的上层(距温度计的水银球约 2.5 cm 处)，样品盒盖套于盒底，迅速关闭箱门，使箱温在 5～10 min 内回升至(103±2)℃开始计时，烘干 8h，戴上纱线手套，打开箱门，迅速盖好盒盖(箱内加盖)，取出后放入干燥器内冷却至室温(约 30～45 min)后称重。

油料作物种子水分超过 16%时，必须采用预先烘干法。

称取两份样品各(25.00±0.02)g，置于直径大于 8 cm 的样品盒中，在 70℃预烘 1 h。取出后放在室温冷却和称重。然后立即将这两个半干样品分别磨碎，并将磨碎物各取一份样品按低恒温烘干方法进行测定。

(五)结果计算

根据烘后失去水的重量计算种子水分百分率，保留 1 位小数：

$$种子水分=\frac{M_2-M_3}{M_2-M_1}\times 100\%$$

式中，M_1 为盒+盖的重量(g)；M_2 为盒+盖+样品烘前重量(g)；M_3 为盒+盖+样品烘后重量(g)。

若用预先烘干法，可从第一次(预先烘干)和第二次按上述公式计算所得的水分结果换算样品的原始水分，按下式计算。

$$种子水分=S_1+S_2-\frac{S_1\times S_2}{100}$$

式中，S_1 为第一次整粒种子烘后失去的水分(%)；S_2 为第二次磨碎种子烘后失去的水分(%)。

(六)结果报告

若一个样品的两次测定之间的差距不超过 0.2%，其结果可用两次测定值的算数平均数表示。否则,需重做两次测定。结果填报在检验结果报告单的规定空格中,精确度为 0.1%。

四、作业

对油菜种子进行水分测定,并按要求将原始数据填写在表 2-9-3-7 中。

训练四 油菜品种纯度鉴定

一、训练目标

掌握油菜品种纯度鉴定的方法。

二、训练材料与用具

1. 训练材料:油菜种子。
2. 试剂、仪器和设备:体视扩大镜、生长箱等。

三、训练内容

1. 送验样品的重量

品种纯度的送验样品的最小重量应符合表 2-9-3-8 的规定。

2. 幼苗形态鉴定

在温室或培养箱中,提供植株以加速发育的条件,当幼苗达到适宜评价的发育阶段时,对全部或部分幼苗进行鉴定。

可在子叶期根据子叶的大小、形态、颜色、厚度、光泽、茸毛等性状鉴别。第一真叶期根据第一真叶的形状、大小、颜色、光泽、茸毛、叶脉宽窄及颜色、叶缘特征鉴别。

鉴定方法:取试样 4 份,各 100 粒,将种子播于水分适宜的发芽盒内沙培,粒距 1 cm,于 20~25℃培养,出苗后置于有充足阳光的室内培养,发芽 7 d 后鉴定子叶性状,10~12 d 鉴定真叶未展开时性状,15~20 d 鉴定第一真叶性状。

四、作业

对给定样品进行品种真实性及纯度鉴定,按要求填写品种纯度鉴定表,按表 2-9-3-9 登记。

技能训练 4-10 加工与贮藏

一、训练目标

1. 依据种子物理特性和清选精选原理,能正确清选精选种子;
2. 掌握油菜种子安全贮藏技术。

二、训练材料与用具

油菜种子,各种筛孔筛子,种子清选精选设备,贮藏设备,台秤。

三、训练内容

(一)油菜种子加工

可根据种子形状、尺寸大小、种子比重、空气动力学特性、种子色泽和种子静电特性的差异等,进行清选和精选。

(二)油菜种子贮藏

1. 适时收获,及时干燥

油菜在花薹上角果有70%～80%呈现黄色时收获为宜。脱粒后及时干燥,晒干后须经摊晾冷却才可进仓,以防种子堆内温度过高,发生发热现象。

2. 严格控制入库水分,清除杂质

油菜种子水分控制在9%～10%以内,可保证安全。油菜种子入库前,应进行风选1次,以清除尘土杂质及病菌等,可增强贮藏期间的稳定性。此外对水分及发芽率进行1次检验,以掌握油菜种子在入库前的情况。

3. 合理堆放,低温贮藏

油菜种子散装的高度应随水分多少而增减,水分在7%～9%时,堆高可达1.5～2.0 m;水分在9%～10%时,堆高只能为1～1.5 m;水分在10%～12%时,堆高只能在1 m左右;水分超过12%时,应进行晾晒后再进仓。散装的种子可将表面耙成波浪形或锅底形,使油菜种子与空气接触面加大,有利于堆内湿热的散发。

油菜种子如采用袋装贮藏法应尽可能堆成各种形式的通风桩,如工字形、井字形等。油菜种子水分在9%以下时,可堆高10包,水分在9%～10%的可堆8～9包,水分在10%～12%的可堆6～7包,水分在12%以上的高度不宜超过5包。

在夏季一般不宜超过28～30℃,春秋季不宜超过13～15℃,冬季不宜超过6～8℃,种温与仓温相差如超过3～5℃就应采取措施,进行通风降温。

4. 定期检查

油菜种子进仓时即使水分低、杂质少,仓库条件合乎要求,在贮藏期间仍须遵守严格的检查制度,一般在4—10月份,对水分在9%～2%之间的油菜种子,应每天检查2次,水分在9%以下应每天检查1次。在11月至翌年3月份之间,对水分为9%～12%的油菜种子应每天检查1次,水分在9%以下的,可隔天检查1次。按水分高低,油菜种子保管时间和方法不同(表4-10-1)。

表 4-10-1 油菜种子安全贮藏标准

油菜种子水分/%	安全保存时间	散装堆高及处理方法	袋装高度及处理方法
8～9	适于长期贮藏	2～2.5 m	12～13袋
9～10	可保管2个月	1.5～1.8 m	10袋
10～12	可保管1个月	1.5 m	6～8袋
12～13	可保管7～15 d	1m	6袋
13～14	可保管10～15 d	至多80 cm须经常翻动	经常倒袋通风
14～15	可保管7 d	麻袋不缝口,经常倒袋翻动	麻袋不缝口,经常倒袋翻动
16以上	可保管1～2 d	应及时处理	应及时处理

四、作业

1. 结合生产要求对油菜种子进行清选和精选。
2. 按照操作规程进行贮藏实践。

附加技能训练　油菜主要植物学形态特征的观察及其三类型的识别

一、目的

认识油菜主要植物学形态特征，识别油菜的三种类型

二、内容说明

油菜属十字花科芸薹属，是一年生草本植物。生产上栽培的油菜仅是芸薹属中的少数几个种。按油菜的形态学、细胞学和生物学特征，将油菜分为白菜型、芥菜型和甘蓝型三大类型。白菜型中有北方小油菜、南方白油菜两个种。芥菜型的栽培为辣油菜，甘蓝型的栽培种有欧洲油菜等。

(一)油菜的植物学形态特征

1. 根

直根系，即由较粗的主根和各级侧根逐渐形成的圆锥根系。从一级侧根上依次发生的二级、三级侧根，分别称为支根和细根。通常主根入土深 40～50 cm 以上，在土层深厚条件下可达 300 cm。枝根和细根的密集层分布在耕作层 20 cm 左右。幼嫩的根为肉质，随着老熟而呈半木质化。

2. 根颈

子叶节以下到第一条侧根发生处的整个幼茎称为根颈，随着幼苗的生长，根颈不断增粗，直到开花时为止，它是油菜冬季贮藏养分的器官。在根颈下部紧靠根部的组织里，可向外产生不定根。根颈的粗细、长短是衡量油菜苗期生长强弱的重要指标之一。壮苗根颈粗短，根系发达，弱苗根颈细长，根系发育不良。

3. 茎和分枝

茎为不规则的圆柱形，上细下粗，长 100～200 cm。茎色有绿、微紫或深紫色。表面光滑或有稀疏刺毛，被有蜡粉。生产上种植的甘蓝型油菜，其主茎分为三种茎段。

(1)缩茎段　位于植株基部，节间短缩密集，无棱。

(2)伸长茎段　位于主茎中部，呈现棱角，节间由短而长，再又变短。

(3)薹茎段　位于主茎上部，顶端与主花序轴相连，节间依次缩短，棱角明显。

主茎上的节数，依品种成熟的迟早多少不一，一般为 30 节左右。油菜主茎上各节均可发生分枝，从主茎叶腋发生的分枝称为第一次分枝，从第一次分枝上再发生的分枝称为第二次分枝，从第二次分枝上再发生的分枝称为第三次分枝。根据分枝在主茎上的发生部位和分布情

况，可将油菜分为三种分枝型。

(1)下生分枝型　下部分枝性很强，主茎生长弱，株型呈丛生型。

(2)匀生分枝型　主茎上分枝分布均匀，且主茎生长较强，植株似扇形。

(3)上生分枝型　分枝多集中于植株上部，主茎生长强，植株呈扫帚形。

4. 叶

油菜的叶片有子叶和真叶。

(1)子叶　两片，一大一小，形状有心脏形、肾脏形和杈形。

(2)真叶　为不完全叶，叶形有椭圆、卵圆、琴形、花叶和披针形等。叶缘有全缘、波浪形、锯齿形，浅裂、深裂或全裂。叶色有淡绿、绿、深绿、蓝绿和紫绿等。叶面被有蜡粉，着生刺毛或光滑。油菜叶片在抽薹之前簇生在一起，抽薹之后叶片在茎上互生，叶柄的长短和叶片形态，依不同类型和品种而异，在同一株上，不同部位的叶片形态也不相同。甘蓝型油菜和白菜型油菜，基部叶有明显的叶柄，而中上部的叶逐渐变为短柄和无柄，芥菜型油菜的叶片则都有叶柄，只是主茎基部叶片裂片数目多，缺刻深，而主茎上部叶片没有裂片，缺刻很浅。甘蓝型油菜叶片的叶柄长短，与着生在主茎上三种茎段的位置相对应，也有三种类型的叶。

①缩茎叶：着生于缩茎段，位于主茎基部，又称基生叶，具有明显的叶柄故称长柄叶。

②伸长茎叶：着生在伸长茎段，叶柄较短，并在叶柄基部(与主茎交接处)两侧有叶翅，称为短柄叶。

③薹茎叶：着生在薹茎段，叶片小，无柄，称无柄叶。

5. 花

油菜为总状花序，花冠淡黄或鲜黄。花瓣 4 片，呈十字形。花萼 4 片，雄蕊 6 枚，四长二短，称四强雄蕊。雌蕊一枚，子房基部都有 4 个绿色小点，位于四长雄蕊的外侧或二短雄蕊的内侧，称为蜜腺。实践中发现雄蕊也有多于 6 枚的。

6. 果实和种子

油菜的果实为角果，成熟时沿两侧线缝开裂。角果由果柄、果身、果喙三部分组成。果喙由花柱发育而成，与果身相联，形似角状，故称角果。果身由二种果瓣组成，一为壳状果瓣，二片，狭长的船形。一为线状结实果瓣，二片，位于壳状果瓣之间，窄细如线状。在结实果瓣之间有薄膜相连，种子着生在线状果瓣的内侧。

果柄由花柄发育而成，成熟时果柄与果轴所成角度的大小，以及角果在果柄上着生的状态，与品种特征有关。一般可分为以下几种类型。

直生型：果柄与花序轴所成角度近于 90°，果身与花序轴呈垂直状，如胜利油菜(甘蓝型)。

斜生型：果柄与花序轴所成角度为 40°～60°，如大多数(白菜型)品种。

平生型：果柄与花序轴所成角度为 20°～30°，果身与果轴接近于平行，如大多数芥菜型品种。

垂生型：果柄与花序轴所成角度大于 90°，果身下垂，如川农长角。

角果的形态和大小，视油菜的类型和品种而异。一般芥菜型油菜的角果细小，长约 3～4 cm。白菜型和甘蓝型油菜的角果长度变异很大，短小的仅 4 cm 左右，中长的 7～9 cm，最长的可达 14 cm 以上。角果粗度也有不同，最细的仅有 4 mm，粗大的可达 10 mm。根据角果长度和粗度，可区分为细短角果、细长角果、粗短角果和粗长角果四种。

角果成熟时，由于果瓣失水收缩能自动开裂，称裂果性，但有的品种由于果壳厚、机械组织发达，成熟失水后并不收缩，也不自行开裂，表现出强的抗裂果性。

种子一般呈球形或近似球形，有的呈卵圆形，或不规则棱状。色泽有黄、淡黄、淡褐、红褐、暗褐及黑色等。千粒重一般为 2～4 g，但也有重达 5 g 左右的。通常甘蓝型油菜种子的千粒重略高于 3 g，白菜型油菜种子的千粒重略小于 3 g，芥菜型油菜种子的千粒重略小于 2 g。

（二）油菜三类型的识别

1. 白菜类型

（1）南方油白菜　外形似普通小白菜，是普通小白菜的一个油用变种。株型较高大，茎秆粗壮，半直立或直立，主根不发达，支细根极发达。叶柄不明显，叶片椭圆或卵圆，较宽大，中脉宽，叶柄两旁有附叶（裙边），叶全缘或呈波状，叶色多为浅绿一般不具琴状缺刻，叶片不被刺毛，被或不被蜡粉。分枝性强，分枝部位较低，是我国冬油菜区广泛分布的油菜，南方通称为白油菜，甜油菜或油菜白均属之。栽培于南方和陕西南部的矮油菜即属此种。在生态上，对温、湿度条件要求较高，耐寒耐旱性较差。

（2）北方小油菜　基生叶不发达，叶片暗纱色，幼苗匍匐生长。叶具明显羽状缺刻，叶端长椭圆形，叶片密被茸毛。植株矮小，茎株纤细，分枝数少，角果和种子均小。

2. 芥菜类型

通常称高油菜、苦油菜、辣油菜及大油菜等。此类型主根发达，入土较深，支根较少，主根木质化而坚硬，抗旱抗寒力较强，适于高山地区种植。种植高大，分枝部位较高，分枝与主茎角度小，分枝数少而细。叶色深绿或油绿，叶上有刺毛或无，基生叶具有明显的叶柄，叶片较大，叶缘具明显的羽状缺刻。少数品种的叶全缘或微波形。上部叶片的叶柄极短，叶呈现披针形。花较小，鲜黄色或者深黄。花瓣稍长，开花时花瓣之间完全分离。果实瘦小、细短、圆柱形，果柄与果轴夹角小，每果内种子数目较多，种子小，红褐色、黄色等。

3. 甘蓝类型

主根和支细根都较发达，植株中等高，分枝部位和分枝数介于芥菜型白菜型之间，茎上有蜡粉，叶片厚，有绿、深绿、蓝绿或暗绿色。叶上有蜡粉，缩茎叶叶缘有琴状缺刻，叶柄长。伸长茎叶为短柄叶，叶柄基部有叶翼，呈戟形，薹茎叶无叶柄，呈披针形。花大、黄色，花瓣圆形，开花时花瓣两侧重叠。角果果柄与花序轴呈直角。角果上有蜡粉，种子大，种皮有黑色，褐色等。此类型油菜有中油 821、华杂 3 号、中双 4 号、秦油 2 号等。

三、材料及用具

白菜型、芥菜型和甘蓝型油菜的植株标本，根、叶、花、角果和种子的压制或浸泡标本及挂图。油菜形态及类型的视频。分期播种分别提供 3～4 真叶和 8～10 真叶的菜苗。当地推广的主要品种植株。米尺、镊子、扩大镜。

四、方法与步骤

（一）观察当地主要油菜品种的植株

包括根、茎、叶、花、果实和种子的形态结果。

(二)观察比较油菜三种类型植株各部位的形态特点

试从以下几个方面进行比较：

①根系发育情况；

②子叶形状，基生叶和茎生叶的大小、形态、附着物(蜡粉、刺毛等有无)，厚薄程度，叶柄、叶翼的有无，抱茎与否及抱茎的程度；

③花的大小、颜色，花瓣皱缩与重叠情况；

④角果着生状态，角果的大小和粗细，着生角度；

⑤种子大小和颜色，辛辣味的有无；

⑥植株高度，分枝多少与部位，株型。

五、作业

1. 根据观察列表说明油菜三个类型的根、茎、叶、花、果实和种子的区别。

2. 油菜的哪些形态特性与栽培措施密切有关?

第五单元　小　麦

技能训练 5-1　土壤耕整，开厢起垄

一、训练目标

做好小麦播种前的材料准备工作、掌握小麦田的耕整方法和要求。

二、训练材料与用具

拖拉机、配套农机具、肥料、播种机、农药、绳、锹、耙等。

三、训练内容

麦田整地质量标准是“早”“深”(25～30 cm)“净”“透”“实”“平”“细”“足”。

(一)耕整

在宜耕期进行土壤的旋耕或浅耕，深耕不必年年进行。耕翻地块要及时耙耢，使土壤细碎，消灭坷垃，上松下实，以保证播种后种子与土壤紧密接触，播种深度一致，出苗整齐健壮。

耕翻、深松、旋耕后进行耙地镇压。经过镇压的麦田，麦苗生长相对正常，受旱、受冻较轻。

(二)开厢起垄

畦的大小应因地制宜，灌水排水条件好的可采用大畦，灌水排水条件差的可采用小畦。畦宽 1.6～3 m。“三沟”配套，特别是稻茬田，要沟沟相通，可排可灌。一般厢沟宽度和深度在 25 cm 左右，腰沟的宽度和深度在 30 cm 左右，围沟的宽度和深度在 35 cm 左右。

技能训练 5-2 播种及苗期管理

一、训练目标

掌握小麦播种时期、播种量及播种方法，掌握小麦苗期田间管理措施。

二、训练材料与用具

拖拉机、配套农机具、肥料、播种机、农药、绳、锹、耙等。

三、训练内容

(一)播前种子处理

种子包衣、药剂拌种，可以推迟小麦条锈病、白粉病、纹枯病等病害发病时间，减轻秋苗发病，压低越冬菌源，同时控制苗期地下害虫危害。

拌种要尽可能混拌均匀，拌后堆放 24 h 再进行播种。

(二)播种期

一般我国每年 3—4 月份播种春小麦，9—11 月份播种冬小麦。湖北小麦种植主要是冬小麦。

确定冬小麦的播种期应该先播冬性品种，再播半冬性品种，后播春性品种；海拔越高、纬度越高的地区，越应适期偏早播种，要取得丰收，冬前要有 4～6 个分蘖(包括主茎)，则主茎达 6～7 片叶；高产田播种不宜过早，以防冬前旺长，瘠薄地适当早播，培育冬前壮苗，黏土地比沙壤地早播；盐碱地、旱地也应提前播种。

(三)播种量

15 万～20 万株/亩基本苗，一般按 16 万株基本苗为标准，再依据种子发芽率、出苗率和千粒重计其播种量。

(四)播种技术

抢晴播种，种子用“三唑酮＋福美双”拌种。播种深度一般 4～5 cm。冬播，气候寒冷、旱地、墒情不足、土质松软的稍深；春播、黏土地、土壤湿的稍浅。播种力求各行深浅一致，均匀度良好；播后镇压可保墒、防寒、防风。

小麦每生产 100 kg 籽粒，需要纯氮 3 kg，纯磷 1 kg，纯钾 3 kg 左右。根据产量、作物长势及土壤情况适当调整。

播种前，旋耕整地时，每亩施用 15-15-15 复合肥 40 kg，尿素 10 kg 作为基肥。

(五)苗期管理

①查苗补种,疏苗补缺。

②中耕镇压,防旱保墒。分蘖开始至封冻期间均可进行中耕,尤其是在雨后和灌溉后,必须中耕以破除地面板结,弥补土壤裂缝。12 月上旬镇压,土壤过湿、盐碱地、沙土地、拔节以后、播种过深或麦苗过弱的田块,不宜镇压。

③出苗后,可用10%苄嘧磺隆+10%麦恋+吡虫灭多威喷雾防除杂草和蚜虫。

(六)冬前苗情诊断

①在田间观察不同类型麦苗的长势长相、叶色,测量麦苗株高。采用对角线五点取样法,取点调查单位面积茎数,每个样点大小为 1 m^2,计算出每公顷总茎数。

②在每类麦田中挖取有代表性的带根麦苗 10 株,带回室内调查单株茎数、次生根条数、叶片大小、主茎叶龄、有无缺位蘖。

四、作业

进行冬小麦苗情调查并填写表 5-2-1。

表 5-2-1 冬小麦冬前苗情调查

项目	壮苗	旺苗	弱苗
单株茎数			
单株次生根条数			
主茎叶龄			
有无缺位蘖			
地中茎长			
每公顷总茎数			

技能训练 5-3 中期管理

一、训练目标

掌握小麦越冬期、起身期等中后期生长阶段的田间管理工作的类型、要求和方法。

二、训练材料与用具

拖拉机、配套农机具、肥料、农药、锹、耙等。

三、训练内容

(一)施肥

1. 冬季追肥

(1)分蘖肥　促进冬前分蘖发生和巩固早生低位蘖,在底氮肥施用较少的情况下,每公顷可追施纯氮 45~75 kg,即每亩 5 kg 纯氮。

(2)腊肥　在越冬期间,根据田间长势,每公顷用 45~75 kg 纯氮撒施,即每亩 5 kg 纯氮。

2. 春季追肥

①起身—拔节肥,壮苗在起身期、旺苗在拔节后,每公顷施用纯氮 45~105 kg,即每亩 3~7 kg 纯氮。

②根外喷肥,即在挑旗—灌浆初期,每公顷喷洒浓度为 10~20 g/L 的尿素、标准氮肥和过磷酸钙溶液,或浓度为 2 g/L 的磷酸二氢钾溶液 750~900 kg。

(二)灌溉

①返青期灌水,可巩固冬前分蘖和争取部分早春分蘖成穗,同时增加穗粒数。浇灌返青水的时间在 5 cm 地温稳定通过 5℃以后。灌水过早,土温下降,返青推迟。

②拔节水可加速分蘖两极分化进程,提高成穗率,同时减少不孕小穗数目,增加穗粒数。晚播弱苗分蘖少,应提前浇灌拔节水。旺苗则应通过控制拔节水来控制对氮的吸收,加速中、小分蘖死亡,提高成穗率。

③挑旗前后灌水,可满足小麦在需水临界期对水分的需求,减少小花退化,增加穗粒数。

④抽穗至灌浆初期灌水,利于开花和授粉受精,促进籽粒形成,增加穗粒数,并提高千粒重,其具体灌水时间应掌握在开花后 5~20 d 内。

灌溉根据生育进程及土壤墒情决定,湖北省中后期雨水较多,一般不会进行灌溉。

(三)病虫草害

春季化学除草:当田间杂草密度达 50 株/m^2 以上时,在温度和土壤墒情适宜时,进行化学除草。以禾本科杂草为主的田块可每亩用 6.9%骠马 50 mL,以阔叶类杂草为主的田块可亩用 75%苯磺隆(巨星)1 g,两类杂草混生的田块,则可兼用上述两种除草剂。也可根据当地情况选用其他高效低毒药剂。

小麦生育后期是黏虫、蚜虫、麦圆蜘蛛、白粉病、锈病、赤霉病、纹枯病大量发生的时期,采用抗病虫品种、田间开沟排水、降湿、“一喷三防”等综合措施防治。

(四)田间记载

1. 生育进程观察

(1)小麦的生育过程　小麦植株在个体发育时期,需要经过发芽-出苗-分蘖-拔节-孕穗-抽穗-开花受精-籽粒形成-灌浆成熟等过程。小麦播种后，种子在适宜的气温（20℃）、土壤水分（田间持水量的80%左右）等条件下，一般播种7 d左右可以出苗。冬播小麦播种愈迟，随着气温的下降，播种至出苗的时间愈长。

小麦在正常播种条件下，出苗后15～20 d，当主茎上第三片真叶完全展开，第四片真叶露尖时，在第一直叶的叶鞘就长出第一个分蘖。分蘖发生的快慢在一定程度上也受到温度的影响，即温度较高，分蘖发生快，温度低，则分蘖发生慢。当植株第一节间显著伸长，植株茎秆露出地面1.5～2.0 cm时，称为拔节。拔节以后，穗、茎秆迅速生长，当旗叶的叶环露出旗叶下一叶的叶环时，称为孕穗。当麦穗的顶小穗露出旗叶叶鞘时，称为抽穗。小麦抽穗后一般2～4 d开始开花，也有抽穗后10 d才开花的。小麦开花是穗中部小穗的小花先开，然后向上向下开放，就一穗来说，是基部小花先开，然后向上开放。小麦开花受精后到麦粒外形基本形成的期间，称为籽粒形成期，这时籽粒呈绿色，可以挤出稀薄的、稍带黏性的绿色汁液，以后就进入籽粒灌浆和成熟过程。这一过程可分为三个时期，乳熟期（又叫灌浆期），籽粒呈绿色，从籽粒中可以挤出含有淀粉的乳白色汁液；蜡熟期，籽粒呈黄绿色后转为黄色，腹沟从浅绿色转为黄色，内含物从黏滞状转为蜡质状；完熟期，籽粒失水变硬，变小，显出各品种固有的形状和色泽。

(2)生育时期记载标准

①出苗期：当第一真叶从胚芽鞘顶端裂口处伸长，长达1.5～2.0 cm时即作为出苗；全田有50%的植株达到上述标准时即为出苗期。

②分蘖期：当田间有50%的植株出现第一个分蘖时称为分蘖期。

③拔节期：全田有50%以上的植株主茎节已伸长高出地面2 cm时即为拔节期。

④孕穗期：全田有50%的植株主茎旗叶的叶环露出旗叶下一叶的叶环，茎秆中上部呈纺锤形时称为孕穗期。

⑤抽穗期：全田有50%的植株小穗露出旗叶鞘时为抽穗期。

⑥开花期：麦穗中部小穗基部小花开花数达10%以上时为开花始期，50%为开花期，80%为开花终期。

⑦籽粒形成期。

乳熟期：50%以上籽粒能挤出乳白色汁液时为乳熟期。

蜡熟期：50%以上的籽粒具有蜡质特征时为蜡熟期。

完熟期：50%的籽粒变硬，具有某品种固有特征时为完全成熟期。

(3)生育进程观察方法

根据小麦发育进程，选择适宜时间在不同品种不同播种期的田块，选择有代表性样点，进行观察调查，然后计算达到特定形态标准的植株百分率，以确定各生育时期，并记载于表5-3-1中。

2. 群体动态观察

(1)定点方法　小麦有条播、撒播、点播等播种方式。播种方式不同，定点取样方法也不一样。一般条播麦观察点每点长2 m（不取边行），大田生产布点约10个，小区试验布点2～3个；撒播麦每个观察点0.3 m^2，大田布点5～10个，小区2个；点播麦大田定100～200穴，小区10～20穴。播种时，按面积和实际播种量计算单位长度（或单位面积）内需播种子数量，再数计一定种子数量分别播到样区之内，以后在样区内观察群体动态变化。

表 5-3-1 小麦生育期记载表

小区号	品种名称	播种期（月/日）	出苗期	分蘖期	拔节期	孕穗期	抽穗期	开花期	成熟期		
									乳熟	蜡熟	完熟
1											
2											
3											
4											
5											
6											
7											
8											
9											
10											

(2)群体观察内容

①调查出苗率和基本苗数：出苗后数记样区内苗数，求出每平方米的苗数，再换算成单位面积内的苗数，即基本苗，根据播种种子数计算出苗率。

$$出苗率=\frac{出苗数}{播种种子数}\times 100\%$$

②调查冬前茎蘖数和最高茎蘖数：分两次进行，冬前茎蘖数在冬至左右调查，最高茎蘖数在拔节前后进行。分别数计样区内苗数（主茎加分蘖），换算成单位面积内苗数。

③调查成穗数：于蜡熟期数计样点内有效穗数，并换算成单位面积穗数。

将上项调查内容分别填入表 5-3-2。

(3)定株观察出叶周期　在前述样点内，每点选取生长一致，代表性好的麦苗 15 株，用红漆标记叶片，定期观察各叶生长、定长、枯黄的时期，将观察结果记入表 5-3-3。

(4)小麦越冬前的田间调查　冬小麦越冬前的幼苗诊断，主要是通过田间实地调查苗情、墒情、虫情等情况，科学地判断，并制订出合理的栽培管理措施，使幼苗正常生长，为实现计划产量指标打好合理群体结构的基础。为此，田间诊断要求做到：

①1 m 深度土壤水分（墒情）的分析，作为灌水与否的依据；②调查大田群体结构（每亩总茎数），是否达到或超过预定的指标；③调查群体条件下各个体的发育状况，判断幼苗属于哪种苗（壮苗、弱苗或旺苗），并通过苗情进一步判断土壤肥力及供应情况，作为施肥的依据。如有虫情和病情，要采取防治措施，并将田间调查情况填入表 5-3-4。

表 5-3-2 小麦群体动态调查表

调查时间	株号	品种或处理（月/日）	基本苗数/（万/亩）	冬前苗数/（万/亩）	最高苗数/（万/亩）	成穗数/（万/亩）
	1					
	2					
	3					
	4					
	5					
	6					
	7					
	8					
	9					
	10					

表 5-3-3 小麦出叶周期记载表

<table>
<tr><th rowspan="3" colspan="2">日期（月/日）</th><th rowspan="3">株号</th><th colspan="15">叶序</th></tr>
<tr><th colspan="3">一叶</th><th colspan="3">二叶</th><th colspan="3">……</th><th colspan="3">九叶</th><th colspan="3">十叶</th></tr>
<tr><th>出生</th><th>定长</th><th>枯黄</th><th>出生</th><th>定长</th><th>枯黄</th><th>出生</th><th>定长</th><th>枯黄</th><th>出生</th><th>定长</th><th>枯黄</th><th>出生</th><th>定长</th><th>枯黄</th></tr>
<tr><td colspan="2"></td><td>1</td><td></td><td></td><td></td><td></td><td></td><td></td><td></td><td></td><td></td><td></td><td></td><td></td><td></td><td></td><td></td></tr>
<tr><td colspan="2"></td><td>2</td><td></td><td></td><td></td><td></td><td></td><td></td><td></td><td></td><td></td><td></td><td></td><td></td><td></td><td></td><td></td></tr>
<tr><td colspan="2"></td><td>⋮</td><td></td><td></td><td></td><td></td><td></td><td></td><td></td><td></td><td></td><td></td><td></td><td></td><td></td><td></td><td></td></tr>
<tr><td colspan="2"></td><td>⋮</td><td></td><td></td><td></td><td></td><td></td><td></td><td></td><td></td><td></td><td></td><td></td><td></td><td></td><td></td><td></td></tr>
<tr><td colspan="2"></td><td>14</td><td></td><td></td><td></td><td></td><td></td><td></td><td></td><td></td><td></td><td></td><td></td><td></td><td></td><td></td><td></td></tr>
<tr><td colspan="2"></td><td>15</td><td></td><td></td><td></td><td></td><td></td><td></td><td></td><td></td><td></td><td></td><td></td><td></td><td></td><td></td><td></td></tr>
<tr><td rowspan="2">历期</td><td colspan="2">出生至定长</td><td></td><td></td><td></td><td></td><td></td><td></td><td></td><td></td><td></td><td></td><td></td><td></td><td></td><td></td><td></td></tr>
<tr><td colspan="2">定长至枯黄</td><td></td><td></td><td></td><td></td><td></td><td></td><td></td><td></td><td></td><td></td><td></td><td></td><td></td><td></td><td></td></tr>
</table>

说明：出生—心叶从下一叶叶鞘中露出 1～2 cm。定长—心叶叶枕从下一叶叶鞘中露出。枯黄—绿色部分不足叶长 1/2 者。

表 5-3-4　冬小麦越冬前田间调查记载表

调查日期：　年　月　日

田区号	前作	品种	播种期（月/日）	施肥水平		灌溉	压麦及其他措施	苗情				麦苗壮弱	每亩总茎蘖数/万	备注
				基肥	追肥			叶色	主茎叶数	每茎数	苗高/cm			
1														
2														
3														
4														
5														
6														
7														
8														

(5)小麦籽粒灌浆速度的测定　在小麦品种观察区或栽培实验田,抽穗后选同一天开花,长相和麦穗大小一致的植株挂纸牌(或用红漆标记),作为以后取样观察的材料。标记的数量依观察次数而定,但要略高于观察需要的株穗数。从开花到成熟期间每隔一定天数在标记株穗中取样,每次取样测定 20 穗,全部脱粒后放在瓷盘或培养皿中,并数记总粒数及按顺序测定。

①称鲜重,计算百粒鲜重(g)。

②量籽粒长、宽、厚,随机取样 20～50 粒用测微尺逐粒测量,并求出平均值(mm)。

③用比重法测定百粒体积,灌一定量的水于小量筒中,再放入百粒麦粒(重复 3 次),求得其百粒体积(mL)。

④烘干测定干重:将供测定的全部麦粒放入纸袋或铝盒中烘干称干重,折算成千粒重(g)。将上述测定结果填入表 5-3-5。

表 5-3-5　麦粒形成灌浆成熟过程体积及粒重动态记载表

品种或处理	取样日期(月/日)	开花后天数/天	取样穗数	总粒数	每穗粒数	百粒鲜重/g	籽粒长度/mm	籽粒宽度/mm	籽粒厚度/mm	百粒体积/mL	千粒重/g	含水量/%

技能训练 5-4　小麦有性杂交技术

一、训练目标

了解小麦的花器结构和开花习性,初步掌握小麦的有性杂交技术。

二、训练材料与用具

供杂交用不同小麦品种植株；剪刀、镊子、纸袋、回形针、小纸牌、铅笔、70％酒精棉球等。

三、训练内容

(一)观察小麦的花器构造和开花习性

1. 小麦的花器构造

小麦属复穗状花序，由许多互生小穗组成，小穗基部着生两个护颖和 3～9 朵小花。一般情况下，只有小穗基部的 2～3 朵发育完全的小花结实，小穗上部的小花发育不完全或退化。每朵小花自外向里有外颖、内颖各 1 片，鳞片 2 个，雄蕊(花丝、花药)3 个，雌蕊(子房、柱头、花柱)1 个，呈羽毛状分裂，外颖顶端有芒或无芒(图 5-4-1)。

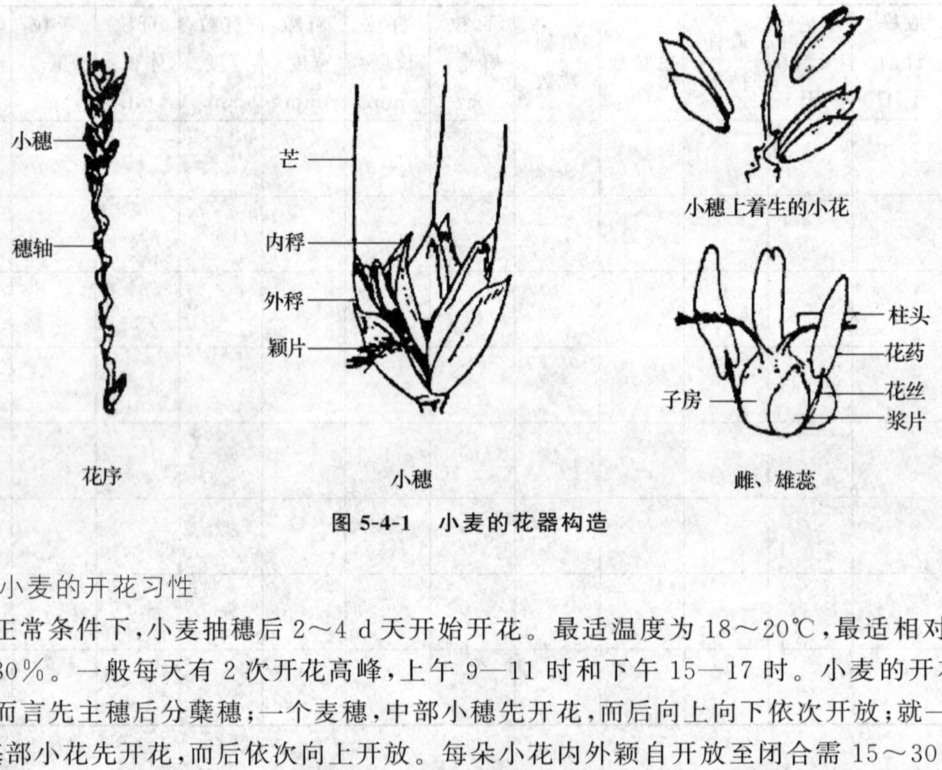

图 5-4-1　小麦的花器构造

2. 小麦的开花习性

在正常条件下，小麦抽穗后 2～4 d 天开始开花。最适温度为 18～20℃，最适相对湿度为 70％～80％。一般每天有 2 次开花高峰，上午 9—11 时和下午 15—17 时。小麦的开花顺序，就全株而言先主穗后分蘖穗；一个麦穗，中部小穗先开花，而后向上向下依次开放；就一个小穗而言，基部小花先开花，而后依次向上开放。每朵小花内外颖自开放至闭合需 15～30 min，全穗开花持续 3～5 d。少数品种闭颖授粉。自然条件下，小麦花粉生活力可维持 20 min 左右，柱头生活力在适宜的条件下可持续 6～8 d，但 3～4 d 后授粉结实率显著下降。小麦授粉后 1～2 h 花粉粒开始萌发，经 24～36 h 完成受精过程。

(二)杂交方法

根据小麦花器构造及开花生物学特性，一般均采用下列方法进行小麦的有性杂交。

1. 选株整穗

根据杂交组合，在母本种植区内，选择具有该亲本典型性状，且健壮无病虫害植株的主穗

（或好的分蘖穗）作为母本。当母本中部小穗的花药呈黄绿色时，用剪刀剪掉上下部发育不良或过嫩的小穗，只留中部10～15个小穗，再用镊子夹除每个小穗中部的小花，只留基部发育良好的两朵小花。整穗后，一般一个母本穗上仅留20～30朵发育良好的小花。有芒亲本将芒剪去。

2. 剪颖去雄

在整穗后，先将去雄花朵从上部剪去约1/3的颖壳（视情况有的也可剪掉1/2），再用镊子从上面轻轻夹去雄蕊，切勿伤及柱头。这种方法去雄较快，但由于颖壳被剪去1/3，对麦穗生长有一定影响。

3. 套袋

将纸袋套在已去雄的母本穗中间，左右对折，下部用回形针别紧。挂上吊牌，在吊牌上标注母本名称，并在纸袋上记录去雄日期。

4. 授粉

小麦有性杂交的授粉方法较多，有常规授粉法、捻穗法、父本移植法（插瓶法）等。一般采用较多的是捻穗法。

（1）常规授粉法　即人工采集花粉逐花授粉。一般在去雄后的第二天进行授粉，结实率较高。

授粉以上午8时以后至下午4时以前为宜，授粉前，先检查柱头有无损伤，如柱头呈羽毛状分叉，并带有光泽时，表示柱头已经成熟，最适合授粉。采集成熟的父本花粉（花药金黄色，有花粉散出）放入花粉杯中（或纸上），立即依次进行授粉。更换授粉品种时，要用酒精棉球擦洗用具和手部。授粉完毕，立即套上纸袋，并在纸牌上标注父本名称、授粉日期、杂交花朵数和工作者姓名等。

（2）捻穗法　其主要特点是授粉在隔离袋中进行，简便省时、质量高。剪取几个生长健壮，即将开花（或部分中部小花已经开放）的父本穗子，扎成一束，挂上纸牌，注明品种（系）名称，放在遮阴处待用。授粉时，取一父本穗，将小花齐花药处剪去颖壳，在阳光下晒2～3 min，花药伸出。再用剪刀将母本去雄穗上所套纸袋的顶端剪开，手执父本穗，从剪口处倒插入袋内旋转几下，使花粉自然落在柱头上取出父本穗，立即折叠好纸袋上方，用回形针夹住袋口，挂上纸牌，并注明父本名称、授粉日期及工作者姓名等项。

（3）父本移植法（插瓶法）　授粉时，选择健壮而又即将开花的父本穗2～3个，从基部第二节剪下，插入系在竹竿上的盛水小瓶或竹管中，使其略高于母本穗，而又均匀地围绕着母本穗。然后将父、母本穗一并套入纸袋中，这样利于父本穗开花时便在袋内将花粉散在母本柱头上。

5. 管理、收获和贮藏

一周后取掉纸袋，经常观察，加强管理。成熟时，及时收获杂交穗（同时收获少量父、母本种子），立即晒干，按组合脱粒，装入小纸袋中，妥为贮存。

四、作业

每人按上述方法，选作杂交组合2～3个。规定时间后取掉纸袋，经常观察，加强管理。将不同组合、不同授粉方法的结实情况按表5-4-1登记，分析其结实率不同的原因。

表 5-4-1　小麦杂交结实情况观察表

组合	去雄方法	授粉方法	杂交花数	结实粒数	结实率/%	备注

技能训练 5-5　小麦原种和大田用种生产技术

一、训练目标

掌握小麦的常规种子生产技术。

二、训练材料与用具

小麦常规种子制种田。

三、训练内容

(一)小麦原种生产

1. 单株选择

(1)材料来源　来源于本地或外地原种圃、决选的株(穗)系圃、种子繁殖田。也可专门设置选择圃,进行稀条播种以供选择。

(2)单株(穗)选择重点　单株(穗)选择的重点是生育期、株型、穗型、抗逆性等主要农艺性状,并具备原品种的典型性和丰产性。株选要分两个时期进行:一是抽穗至灌浆阶段根据株型、株高、抗病性和抽穗期等进行初选,并做好标记;二是成熟阶段对初选的单株再根据穗部性状、抗病性、抗逆性和成熟期等进行复选。当选单株连根拔起,及时干燥挂藏,严防鼠、雀危害。

(3)选择数量　依据所建株行圃的面积而定,冬麦区每公顷需 4 500 个株行或 15 000 个穗行,春麦区的选择数量可适当增多。田间初选数量应考虑复选、决选和其他损失,适当留有余地。

(4)当选单株(穗)收获　将入选单株连根拔起,每 10 株扎成一捆;如果是穗选,将中选的单穗摘下,穗下留 15～20 cm 的茎秆,每 50 穗扎成一捆。每捆系上 2 个标签,注明品种名称。

(5)室内决选　室内对入选的单株(穗)进行决选,结合目测,剔除不合格单株,再逐株考种。重点考察株高、株形、穗粒数、结实率、粒色、粒形、千粒重等,并计算株高的平均数、穗粒数的平均数。保留各性状均与原品种相符的典型单株(穗),分别脱粒、编号、装袋保存。

2. 建立株(穗)行圃

(1)田间种植方法　将上年当选的各单株(穗)种子,按单株(穗)分行种植,建立株(穗)行圃。采用单粒点播或稀条播,单穗播1行区,行长2 m,行距20～30 cm,株距3～5 cm或5～10 cm,按行长划排,排间及四周留50～60 cm的田间走道。每隔9或19个株(穗)行设一对照,四周设保护行和25 m以上的隔离区。对照和保护区均采用同一品种的原种。播前绘制大田田间种植图,按图种植,编号插牌,严防错乱。

(2)田间鉴定选择　在整个生育期间要固定专人,按规定的标准统一做好田间鉴定和选择工作。在幼苗阶段、抽穗阶段、成熟阶段分别与对照进行鉴定选择,并按表5-5-1登记。

表5-5-1　小麦株(穗)行圃田间鉴定选择表

幼苗阶段	抽穗阶段	成熟阶段
幼苗生长习性、叶色、生长势、抗病性、耐寒性等	株形、叶形、抗病性和抽穗期	株高、株形、植株整齐度、抗逆性、穗数、穗型、粒形、抗倒伏性、落黄性、熟期等。对不同时期发生的病虫害、倒伏情况要记明程度和原因

(3)田间收获　收获前综合评价,选符合原品种典型性的株(穗)行分别收获、打捆、挂牌,标明株行号。

(4)室内决选　室内进一步考察粒形、粒色、籽粒饱满度和粒质,符合原种典型性的分别称重,作为决定取舍的参考,最终决选的株(穗)行分别装袋、保管,严防机械混杂。

3. 建立株系圃

(1)田间种植方法　将上年当选的各株(穗)行种子,按号分区种植,建立株(穗)系圃。每个株(穗)行的种子播一小区,小区长宽比以(3～5)∶1为宜。播种方法采用等播量、等行距稀条播,每隔9个株系设一对照。其他要求同株(穗)行圃。

(2)田间鉴定选择　当选株系须具备本品种的典型性、株系间的一致性、整齐度高、丰产性好,杂株率不超过0.1%时,拔除杂株后可以当选。各当选株系分区核产,产量应不低于对照。

(3)收获　入选株(穗)系分别取样考种,考察项目同株(穗)行圃,最好当选株(穗)系可以混合脱粒。

4. 建立原种圃

将上年混收株系圃的种子稀播种植,建立原种圃。一般行距20～25 cm,播量60～70 kg/hm^2,以扩大繁殖系数。在抽穗阶段和成熟阶段分别进行纯度鉴定,进行2～3次去杂去劣工作,及时拔除病、劣、杂株,并携带出田外。同时,严防生物学混杂和机械混杂。原种圃当年收获的种子即为原种。

(二)小麦大田用种生产

上述方法生产出的小麦原种,一般数量都很有限,不能直接满足大田用种需要,必须进一步扩大繁殖,生产小麦大田用种,具体操作步骤如下:

1. 种子田的选择和面积

(1)种子田的选择　选择土壤肥沃、地势平坦、土质良好、排灌方便、地力均匀的地块。合理规划，同一品种尽量连片种植。忌施麦秸肥，避免造成混杂。

(2)种子田的面积　应根据小麦种子的计划生产量来确定。

2. 种子田的栽培管理

(1)种子准备　搞好种子精选、晒种和药剂处理工作。

(2)严把播种关　精细整地，合理施肥，适时播种，确保苗全、齐、匀、壮。更换不同品种时要严格防止机械混杂。

(3)加强田间管理　根据小麦生长情况合理施用肥水，加强病虫害的防治。

(4)严格去杂去劣　在种子田，将非本品种或异型株的植株去除称为去杂，将生长发育不正常或遭受病虫危害的植株去除称为去劣。在整个生育期间，应多次进行田间检查，严格进行去杂去劣，确保种子的纯度。

(5)严防机械混杂　小麦种子生产中最主要的问题就是机械混杂，因此从播种至收获、脱粒、运输、加工、贮藏，任何一个环节都需认真，严防机械混杂。

(6)安全贮藏　小麦种子贮藏时种子含水量应控制在13%以下，种温不应超过25℃。

四、作业

根据制种全过程的实践及制种产量写成总结报告。

技能训练 5-6　田间调查记载及测产

一、训练目标

掌握小麦在收获前产量的预测，小麦经济性状考查的方法。

二、训练材料与用具

钢卷尺、粗天平、瓷盘、计算器等。

三、训练内容

(一)测产

小麦单位面积产量由每亩穗数、每穗粒数和千粒重三个因素构成。小麦灌浆以后，前两因子固定，蜡熟末期，粒重亦固定。

麦田测产一般可进行2次，一次在乳熟期，能测得穗数和每穗粒数，粒重可根据当年小麦后期生育状况与气候条件，并参照该品种常年千粒重推断，另一次是在临收割前(接近蜡熟末期)，粒重则用少量麦穗脱粒后晒干称重。大田测产一般可分为三个步骤进行：

①掌握整个田块面积、地形及生长状况，因为面积及地形关系到选点数目及样点分布。而生长状况直接影响测产结果的准确性，要目测全田各地段麦株稀、密、高矮、麦穗大小和成熟度等诸生育指标的整齐程度，如果各地段麦株生育差异很大，特别是测产大块土地(几十亩到几

百亩)情况下,必须根据全地段目测结果分类,并按类别估算面积比例,最后再分级选点取样和按比例测出全田或地段产量。

②选点取样。样点即小面积测产点,它的面积仅为全田的几十分之一,甚至几百分之一。具体要根据田块大小、地形及生长整齐度确定,通常 5 亩以内生育又较整齐的麦田,可采取对角线方法选取四、五样点,面积再小尚可采取三点法取样,四周样点要距地边 1m 以上,个别样点如缺乏代表性应作适当调整。

③测量样点面积、穗数及单穗粒数,然后计算理论产量。每个样点取 50 cm×(播幅+幅距)cm 的样方一个,数清样方内的有效穗数,求出每亩穗数。

$$每亩穗数=\frac{样点内有效穗数}{样点面积(m)^2}\times 666.7$$

在每个样点内随机数 20 株的每穗结实粒数,求出平均每穗实粒数。若在临近收获前测产,还需测定子粒千粒重。

$$理论产量(kg/亩)=\frac{每亩穗数\times 每穗实粒数\times 千粒重(g)}{1\,000\times 1\,000}$$

上述测产数值系每亩净面积产量,是毫无损失的脱粒干净的数字,属理论产量,如麦田畦作,畦沟占地较多的应乘以土地利用率(%),另外再乘以 95%(减去 5%未脱粒净的数字),则理论产量与实收产量可基本相符。

(二)经济性状考查

(1)植株高度　以主茎高度表示,指从分蘖节到主穗顶(不连芒)的长度,用 cm 表示。

(2)植株整齐度　整齐即株高相差不到一个麦穗的高度;中等即少数相差一个麦穗高度;不整齐即多数相差一个麦穗高度。

(3)茎粗　指茎地上部分第二节间的最大直径,以 mm 表示(大于 6mm 为粗,小于 4 mm 为细,介于两者之间的为中)。

(4)单株成穗数　包括单株主茎和有效分蘖数。

(5)有效分蘖率　指分蘖成穗数占总分蘖数的百分率。

(6)穗长　自穗颈节量至穗顶(不包括芒)的长度,以 cm 表示。

(7)结实小穗数　一穗内能结一粒以上种子的小穗数。

(8)$小穗密度(个/cm)=\frac{一穗小穗总数(包括结实与小结实小穗)}{穗长(cm)}$

(9)$每小穗平均结实粒数=\frac{每穗粒数}{每穗结实小穗数}$

(10)小穗结实最多平均粒数　在测定样本中任取 10 穗,记载结实最多小穗的结实粒数,取其平均值。

(11)粒质　每品种任取 100 粒考查,硬粒率在 70%以上为硬粒小麦;硬粒率在 30%~70%之间的为半硬小麦;硬粒率在 30%以下为软粒小麦。计算时以两个半硬粒折合为一个硬粒(玻璃质为硬粒;粉质为软粒;玻璃质与粉质参差的,即硬粒上有粉斑的半硬粒)。

将小麦经济性状考查结果填入表 5-6-1。

表 5-6-1　小麦植株经济性状考查原始数据记载表

性状		品种 1	2	3	4	5	6	7	8	9	10	平均
植株	高度/cm											
	整齐度											
茎粗/cm												
节间长度/cm	第一节间											
	第二节间											
单株成穗数												
穗长/cm												
小穗数	结实数											
	不实数											
	结实数占总数/%											
小穗密度/(个/cm)												
小穗粒数	小穗结实平均粒数											
	每小穗结实最多平均粒数											
每穗粒数												
粒质												
千粒重/g												
谷草比												
经济系数												

(12)千粒重　以晒干扬净的籽粒为标准混匀样品，从中随机数出两组，每组各 500 粒，分别称重，以 g 表示之；两组重量相差不超过平均重复的 3%～5%，否则需做第三份。

(13)谷草比　籽粒与茎秆重量之比。茎秆指不带根的地上部茎、叶、麦壳和穗轴等。

(14)经济系数 $=\dfrac{\text{种子干重}}{\text{种子干重}+\text{茎叶干重}}$

注：上述(1)、(2)、(3)、(6)、(7)、(8)、(9)均以主穗为准。

技能训练 5-7　收获与考种

一、训练目标

1. 掌握小麦田间收获时间及方法；
2. 掌握小麦室内考种项目及方法。

二、训练材料与用具

小麦代表性田块、植株、皮尺、直尺、标签、天平、脱粒机、记录本和铅笔等。

三、相关理论依据

1. 小麦收获

(1)严格去杂　在种子繁殖田，将非本品种或异型株的植株去掉叫去杂，将生长不正常、遭受病虫害的植株去掉叫去劣。去杂去劣是种子生产的基本工作。在成熟期主要依据穗形、株高进行去杂去劣。

(2)适时收获　小麦收获过早，千粒重低、品质差，脱粒也困难。收获过晚，易掉穗、掉粒，还会因呼吸作用及雨水淋洗，使粒重下降。在小麦植株正常成熟情况下，粒重以腊熟末期最高。

在大田生产条件下，因品种特性(落粒性)、天气、收割工具等不同，适宜收获期又有所变化。人工收割或机械分段收割的，割后至脱粒前，有一段时间的铺晒后熟过程，可在腊熟末期收割。联合收割机则宜在完熟初期进行收割，过早收获籽粒含水量高，导致脱粒过程的机械损伤和脱粒不净，过晚会因掉穗、掉粒等增加损失。用作种子的适宜收获期应在腊熟末期和完熟初期。

不同品种或同一品种的不同世代要单收、单运、单打和单晒。

(3)晾晒入仓　及时脱粒、晾晒、入仓。入库时种子含水量应在13%以下方可入仓。

2. 小麦室内考种项目

(1)株高　从分蘖节至主茎顶端(不记芒)的高度，单位 cm。

(2)有效分蘖数　主茎以下的结实分蘖数。

(3)穗长　穗基部至顶端(不记芒)的长度，单位 cm。

(4)芒　分无芒、顶芒(长 10～15 mm)、短芒(长 30～40 mm)、长芒(长 40～100 mm)四级。

(5)穗色　分红、黑、白等记载。

(6)稃毛　分有、无记载。

(7)穗粒数　收获前在小区内随机选取 50 穗混合脱粒，数其总粒数，求得平均每穗粒数，重复两次。

(8)小穗数　主穗轴着生小穗数(包括不结实小穗)。

(9)籽粒饱满度　分饱满、中等和不饱满 3 种。

(10)千粒重　脱粒晒干后,在每小区收获种子内随机取样,重复两次。每次随机取 500 粒健全种子称重,取其平均值(如两次误差超过 0.5 g,应重做),数据精确到一位小数。

四、训练内容

具体参考技能训练 2-8。

五、作业

1. 制定小麦种子收获方案,按要求识别并去除杂株,对小麦种子收获晾晒,确保种子安全贮藏;

2. 通过实训,使学生能够根据小麦的室内考种项目,每人进行实地考种 3 株(或穗),并将考种结果按表 5-7-1 登记。

表 5-7-1　小麦优良单株室内考种表

株号	株高/cm	穗长/cm	芒长/cm	穗色	稃毛有无	小穗数	穗粒数	粒色	千粒重/g
1									
2									
3									
4									
5									
6									
7									
8									
9									
10									

技能训练 5-8 种子检验

技能训练 5-8-1 种子田间检验

一、训练目标

1. 掌握小麦的田间检验方法和程序；
2. 观察不同品种的植株性状，并熟练鉴定品种的主要性状。

二、训练材料与用具

小麦种子田、米尺、放大镜、铅笔、记录本、标签等。

三、训练内容

具体参见技能训练 2-9-1。

四、作业

能够正确进行田间检验，按要求填写田间检验结果，按表 2-9-1-6 和 2-9-1-7 登记。

附录一 小麦田间检验依据的主要性状

一、植株性状

(1)芽鞘色　绿色和紫色。芽鞘出土 1～2 cm 时目测芽鞘颜色。

(2)幼苗生长习性　分为三类：①匍匐地面：幼苗平铺于地面；②直立：幼苗与地面呈直角；③半匍匐：幼苗与地面呈斜角。冬麦越冬前观测，春麦 5～6 片叶期观测。

(3)幼苗颜色　分为淡绿、绿色、深绿色。观测时间为分蘖盛期。

(4)叶耳色　分为绿(白)、紫(红)色。抽穗期观测旗叶叶耳颜色。

(5)茎叶穗上的蜡质　分无、少、多。开花至灌浆期观测茎和叶。

(6)株高　分蘖节或地面至穗顶(不含芒)的高度，以“cm”表示。60 cm 以下为特矮、61～80 cm 为矮或半矮、81～100 cm 为中、101～120 cm 为高、120 cm 以上为特高。

(7)株型　抽穗后根据主茎与分蘖茎的松散程度分为三类，主茎与分蘖垂直夹角小于 15°为紧凑；大于 30°为松散；介于二者之间为中等。

(8)秆色　分黄色和紫色。成熟期观测茎秆。

二、叶片性状

(1)旗叶长度　25 cm 以下为短、25.1～30 cm 为中、30 cm 以上为长。在灌浆期测定旗叶叶长。

(2)旗叶宽度　1.5 cm 以下为窄、1.5～2.0 cm 为中、2.0 cm 以上为宽。在灌浆期测定旗叶最宽处。

(3)叶角度　20°以下为挺直、20°～90°为中等、90°以上为下披。齐穗后用量角器测量旗叶和穗下茎之间的夹角。

(4)叶茸毛　分无和有。抽穗前后观测旗叶和倒二、三叶。

三、穗部性状

(1)穗长　主穗基部小穗节至穗顶部(不含芒)的长度,以"cm"表示。6.0 cm 以下为特短、6.1～8.0 cm 为短、8.1～l0.0 cm 为中、10.1～12.0 cm 为长、12.0 cm 以上为特长。

(2)小穗密度　小穗在穗轴上排列的疏密程度,20 以下为稀、20.1～25.0 为中、25.1～30.0 为密、30.0 以上为特密。计数每穗的小穗数(含不育小穗),并测量穗轴长度,按公式计算密度。小穗数 15 以下为少、6～20 为中、20 以上为多。

(3)穗形　划分为六类。①纺锤形:穗子两头尖、中部稍大;②长方形:穗子上、中、下正面和侧面基本一致;③圆锥形:穗子下大,上小;④棍棒形:穗子上大下小,上部小穗着生紧密;⑤椭圆形:穗短、中部宽、两端稍小;⑥分枝形:小穗分枝。

(4)穗色(颖壳色)　分红、白(黄)、黑、紫四种。

(5)芒有无　稃尖完全不延长为全无芒;小穗有直芒或曲芒为有芒。

(6)芒色　分白(黄)、黑、红色三种。

(7)芒长　芒长 40 mm 以上为长芒;穗的上下均有芒,芒长在 40 mm 以下为短芒;芒勾曲呈蟹爪状为勾曲芒;芒卷曲长度 3 mm 以下为短曲芒;芒卷曲长度 3 mm 以上为长曲芒。

(8)芒的分布　有扇形和平行形,扇形又分为宽扇形和窄扇形。

(9)护颖　护颖的颜色分白色、红色、黑边(黑花)、黑色。护颖的茸毛分无和有。护颖的形状分披针形、椭圆形、卵形、长方形和圆形。护颖肩的形状分为无肩、斜肩、方肩、丘肩。护颖嘴(尖)形状分钝形、锐形、鸟嘴形、外曲形。护颖脊分为明显和不明显。

(10)穗粒数　25 以下为少、26～35 为中、36～45 为多、45 以上为特多。

(11)穗轴毛　分无、有。

四、籽拉性状

(1)粒形　分长圆、椭圆、卵圆和卵形四种。

(2)粒色　分红色、白色、紫黑色、青黑色。

(3)粒质　分硬质,籽粒横断面胚乳全部或大部分为角质;软质,籽粒横断面胚乳全部或大部分为粉质;介于二者之间为半硬质。

(4)籽粒冠毛　分多、少。

(5)千粒重(g)　25 g 以下为特低、25.1～35 g 为低、35.1～45 g 为中、45.1～55 g 为高、55 g 以上特高。

五、主要性状

(1)抽穗期 旗叶姿态、出穗时间(50%穗出现小穗时)、旗叶鞘变绿、旗叶叶背变绿、穗变绿、秆颈变绿、植株高度(茎和穗)、穗形状、穗密度、长芒或短芒有无、穗顶部的短芒的长度。

(2)成熟期 穗颜色。

六、次要性状

(1)分蘖前期 胚芽鞘花青苷颜色。

(2)分蘖期 植株生长习性。

(3)抽穗期 旗叶的叶耳花青苷颜色、秆上位节的茸毛、麦秆的节截面(穗和茎节)、花药的花青苷颜色、长芒或短芒的描述、穗顶长芒的长度、穗轴节片的突面或茸毛、护颖的肩宽、护颖的肩形、护颖的喙长、护颖的内部茸毛的延伸、护颖的内侧纹迹、护颖的喙形、冬春性。

(4)成熟期 粒形、粒色、籽粒刷毛长、籽粒的苯酚反应。

技能训练 5-8-2 种子扦样技术

一、训练目标

1. 熟悉各种扦样器和分样器的构造和使用方法。
2. 掌握种子不同包装形式的扦样器选择类型及扦样方法。
3. 掌握种子批划分方法。

二、训练材料与用具

小麦种子、各种类型扦样器、各种类型分样器、天平、分样板样品袋、标签、手套等。

三、扦样器具与使用方法

针对不同的包装形式,用合适的扦样器,根据扦样要求扦取初次样品。具体操作同技能训练 2-9-2。

四、分样器具与使用方法

常见的分样器有钟鼎式分样器、横格式分样器。具体操作同技能训练 2-9-2。

五、训练内容

①准备器具;
②划分种子批;
③扦取初次样品;
④配置混合样品;
⑤送验样品的制备和处理;
⑥填写扦样单。

具体操作同技能训练 2-9-2。

六、作业

能够正确进行种子扦样，填写种子扦样报告单，按表 2-9-2-4 登记。

技能训练 5-8-3　种子室内检验

训练一　小麦种子净度分析

一、训练目标

1. 识别净种子、其他植物种子和杂质。
2. 掌握种子净度的分析技术。

二、训练材料与用具

1. 种子送验样品(小麦≥1 000 g)；
2. 小麦种子送验样品一份，检验桌，分样板，套筛，感量 0.1 g、0.01 g 和 0.001 g 的天平，白磁盘，镊子，小刮板，放大镜，净度分析台等。

三、训练内容

参见技能训练 2-9-3 中的“训练一　水稻种子净度分析”。

四、作业

对给定样品进行净度分析，按要求填写净度分析原始记载表及结果报告单，按表 2-9-3-1 和表 2-9-3-2 登记。

训练二　小麦种子发芽试验

一、训练目标

掌握小麦种子的标准发芽试验规定、发芽方法、幼苗鉴定标准和结果计算方法。

二、训练材料与用具

小麦种子、烧杯、发芽盒、砂(已消毒)、发芽纸、光照发芽箱等。

三、训练内容

小麦种子发芽试验技术规定为：发芽床 TP，温度 20℃恒温，计数时间分别为 4 d 和 8 d。其他操作规程参见技能训练 2-9-3 中的“训练二　水稻种子发芽试验”。

四、作业

将小麦种子发芽试验结果，按表 2-9-3-5 登记。

训练三　小麦种子水分测定

一、训练目标

掌握小麦种子水分的测定方法。

二、训练材料与用具

恒温烘箱、电动粉碎(磨粉)机、分析天平、样品盒、干燥器、干燥剂、洗净烘干的磨口瓶等。

三、训练内容

高恒温干燥法将样品放置在130～133℃的烘箱内烘干1 h,适用于芹菜、燕麦属、西瓜、胡萝卜、大麦、莴苣、烟草、番茄、水稻、小麦属、玉米等的种子水分测定。

具体操作过程同技能训练2-9-3中的“训练三　水稻种子水分测定”。

四、作业

对小麦种子进行水分测定,若一个样品两次重复间的差距不大于0.2%($X_1-X_2\leqslant$ 0.2%),其结果用两次测定值的算术平均数表示。否则重做。精确度为0.1%。按要求将原始数据填写在表2-9-3-7中。

训练四　小麦品种纯度鉴定

一、训练目标

掌握小麦品种纯度鉴定的方法。

二、训练材料与用具

1. 训练材料:小麦种子。

2. 试剂、仪器和设备:苯酚、愈创木酚、过氧化氢、氢氧化钾、氢氧化钠、氯化氢。体视显微镜、扩大镜、解剖镜、生长箱等。

三、训练内容

1. 测定程序

(1)送验样品的重量　品种纯度的送验样品的最小重量应符合表2-9-3-8的规定。

(2)种子鉴定

①形态鉴定法。不同种类种子可根据种子形态特征差异进行鉴别,如小麦种子根据外稃基部形状、籽粒颜色、形状、腹沟基刺、腹沟宽,小穗轴绒毛多少,外稃侧背脉纹齿状突起,内外稃皱折,鳞被形状及绒毛稀密等。

②苯酚染色法。苯酚染色法机理:苯酚又名石碳酸,其染色机理是种子中单酚、双酚、多酚在酚酶的作用下,被氧化成黑色的非溶性色素。由于每个品种皮壳内酚酶的活性不同,不同品种由于苯酚氧化酶的活性和种类不同而呈现深浅不同的颜色,借此可鉴定品种。该法主要适

用于小麦、水稻、牧草种子。

小麦苯酚染色的方法有两种：

第一种：取净种子 2 份，各 100 粒，将种子浸入清水中 18～24 h，用滤纸吸干表面水分，放入垫有已经 1%苯酚溶液湿润过的滤纸的培养皿内（腹沟朝下），在室温下保持 4 h 后即可鉴定染色深浅。小麦观察颖果染色情况。通常颜色分为五级，即不染色、淡褐色、褐色、深褐色和黑色。将与基本颜色不同的种子取出作为异品种，计算品种纯度。

第二种：种子用 1%苯酚浸 15 min，取出腹沟朝下放在铺有 1%苯酚湿润过的滤纸的培养皿中，盖上贴有同样滤纸的培养皿盖，放置在 30～40℃温箱内染色 0.5～1 h，观察染色结果，区分本品种与异品种，计算品种纯度。

③氢氧化钠测定法。当小麦种子红白皮不易区分（尤其是经杀菌剂处理的种子）时，可用氢氧化钠测定法加以区别。数取 400 粒或更多的种子。先用 95%（V/V）甲醇浸泡 15 min，然后让种子干燥 30 min，在室温下将种子浸泡在 5 mol/L NaOH 溶液中 5 min，然后将种子移至培养皿内，不可加盖，让其在室温下干燥，根据种子浅色和深色加以计数。

④小麦种子醇溶蛋白的聚丙烯酰胺凝胶电泳法（见附加技能训练）

（3）幼苗鉴别　根据幼苗生长锥的形态鉴别和测定品种纯度。此法适用于冬小麦与春小麦种子的鉴别。

试样方法：取试样 2 份，每份 100 粒，用水浸 2 h，取出，置于 20～25℃的温度和有光处进行砂培或土壤培养。软粒小麦经 15～18 d，硬粒小麦经 20 d，而后将幼苗连麦粒一起拔出，除去 2 片叶子，用解剖针拨开幼叶，露出生长锥，放在双目扩大镜下进行观察鉴别。春小麦的生长锥发育快，具有侧生突起，在生长锥下面距离植株基部 6～12 mm 处，有明显的节；而冬小麦生长锥发育慢，只出现瘤状突起，并且节在幼苗的基部与生长锥紧接在一起，不明显。另外，大多数春小麦品种的叶鞘和叶片上长有很多茸毛，而冬小麦品种的茸毛则很少或者完全没有。在观察鉴别时，可以把生长锥的状态、节的形成与叶片、叶鞘上茸毛着生情况结合起来，判别是冬小麦还是春小麦。最后根据逐株观察鉴别的结果，算出种子的品种纯度。

四、作业

对给定样品进行品种真实性及纯度鉴定，鉴定结果按表 2-9-3-9 登记。

附加技能训练　小麦种子醇溶蛋白的聚丙烯酰胺凝胶电泳法

一、原理

从种子中提取出来的小麦籽粒的醇溶蛋白，可用 pH 3.2 的聚丙烯酰胺凝胶电泳（PAGE）进行分离。其电泳所出现的蛋白质谱带类型，与同品种的遗传组成有关，并可作为品种的“指纹”。即为鉴定品种的生化性状。因此，就可利用这种“品种指纹”来鉴定未知品种的真实性，以及分析单粒种子个体的“指纹”来测定品种的纯度。

二、仪器与试剂

1. 仪器

(1)电泳仪 可用北京六一仪器厂制造的DYY-I型电泳仪(电压为1～600 V)。

(2)电泳槽 可用北京六一仪器厂生产的六一牌夹心式垂直电泳槽，其样品梳为11～12个齿，也可用厚度为1 mm的有机玻璃板或橡胶板自制成15～16个齿的样品梳。

(3)离心机 可用上海安亭科学仪器厂生产的TGL-16B型高速台式离心机，其最高转速为16 000 r/min，定时器定时1～20 min。

(4)离心管 必须用与离心机配套使用的离心管，通常用1mL的聚丙烯塑料离心管，以用作样品提取的容器。

(5)天平 1/1 000的电子天平或分析天平。

(6)样品钳 用于夹碎种子的工具，可用轻便老虎钳代替。

(7)其他物品 存放有关试剂的广口瓶、移液管及移液管架、移液球或吸耳球、滴瓶、微量进样器(1～50 μL)、注射器等电泳用品。

2. 试剂

所有使用的化学试剂都需是分析级或更好的等级。

丙烯酰胺(Acr)、甲叉双丙烯酰胺(Bis)、尿素、冰醋酸、甘氨酸(即氨基乙酸)、硫酸亚铁、抗坏血酸、过氧化氢、2-巯基乙醇、甲基、三氯醋酸、2-氯乙醇、考马斯亮蓝R250或G250。

三、溶液配制

1. 小麦提取液

称取甲基绿粉剂0.05 g，加入25 mL 2-氯乙醇，再加入去离子水，定容至100 mL，低温保存。

2. 电极缓冲原液

吸取20 mL冰醋酸，加入2 g甘氨酸，再加入去离子水，定容至500 mL，低温保存，使用时再稀释10倍。

3. 凝胶缓冲液

吸取冰醋酸5 mL，加入0.25 g甘氨酸，再加入去离子水，定容至250 mL，低温保存。

4. 0.6%过氧化氢液

吸取30%过氧化氢原液0.6 mL，加去离子水，定容至30 mL，装入100 mL滴瓶，低温保存。

5. 染色液

(1)10%三氯醋酸液 称取50 g三氯醋酸，加入去离子水，定容至500 mL。

(2)1%考马斯亮蓝液 称取0.5 g考马斯亮蓝，溶于50 mL无水酒精。

6. 凝胶溶液

称取丙烯酰胺20 g、亚甲基丙烯酰胺0.8 g、尿素12 g、抗坏血酸0.2 g、硫酸亚铁0.1 g，再加入120 mL凝胶缓冲液溶解，并用该溶液定容至200 mL，低温保存备用。

四、操作程序

1. 样品醇溶蛋白提取

取若干个清洁干燥的 1 mL 聚丙烯离心管，分别插入合适的试管架圆孔内，取小麦种子样品逐粒用样品钳夹碎，在夹种子时，最好垫上小片清洁的纸，以免清理钳头和防止样品之间污染，每粒夹碎的种子粉块放入一个离心管。真实性鉴定时，每个样品重复 3～5 次；品种纯度测定时，每个样品测定 50～100 粒种子，然后加入样品提取液，每管小麦加入 0.2 mL，盖好后在室温下将其浸提一夜，加样前用 5 500 r/min 离心 15 min。

2. 凝胶玻璃封缝

从冰箱内取出凝胶溶液和过氧化氢溶液，每块胶板吸取这种凝胶溶液 3 mL，放入小烧杯后立刻加入 0.6%的过氧化氢液小半滴，摇匀后迅速倒入封口处，稍加晃动，使整条缝口充满胶液，让其在 5～10 min 聚合。但必须注意，灌胶动作应快速，否则会因为倒得太慢，在倒入缝口处前胶就开始聚合。

3. 灌制分离胶和插入样品梳

从冰箱内取出凝胶溶液和过氧化氢溶液，每块胶板吸取凝胶液 17～18 mL，放入烧杯后立即加入 1 滴 0.6%的过氧化氢液，迅速摇匀，倒入凝胶玻板之间，马上插好样品梳，并用铁夹子夹正，直放，让其在 5～10 min 内完全聚合。

4. 加样

在加样前，小心平衡地拨出样品梳，用滤纸吸去多余的水分，然后用微量进样器吸取醇溶蛋白提取液。一般每个样品加样 10～20 μg，若加样量太多，会使蛋白质谱带模糊而难以分辨。

5. 电泳

在电泳前，先将电极缓冲液稀释 10 倍。一般每个电泳槽取 80 mL 电极缓冲原液，加去离子水稀释到 800 mL 分别注入前槽和后槽。注意要确保前、后槽电极能连通。

接好电极引线，前槽接正极，后槽接负极，然后打开电源，逐渐将电压调到 500V。电泳时，要求在 15～20℃温度下进行。如气温高于这一温度范围时，可放在冰箱内、空调室或接通自来水冷却。电泳时间般为 60～80 min。具体时间可按甲基绿迁移时间来推算。如果甲基绿前沿提示剂在 25～30 min 迁移至胶板底部(10 cm 左右)，那么醇蛋白电泳时间为甲基绿迁移时间的 2～2.5 倍，即 60～80 min。

6. 固定和染色

在固定和染色前，按每块胶板吸取 3.51 mL1.0%考马斯亮蓝液，再加上 100 mL 10%的三氯醋酸液，配成染色液。

小心地剥下胶板，切去样品槽部分的胶板，并切去胶板一小角以做左右标记，然后用去离子水漂洗后，浸入染色液染色 1～2 d。

7. 保存

倒去染色液，用清水漂洗，并用湿软毛笔刷去胶板表面的沉淀物，然后用 7%醋酸液保存，也可制成干胶板或装在聚乙烯薄膜袋里在 4℃冰箱内保存数月而不变质。

五、电泳图谱鉴定

1. 真实性鉴定

按电泳胶板蛋白质显色的蓝色谱带绘出电泳图谱，并计算出 R_f 值，与其品种的标准图谱比较，以鉴别品种的真伪。

2. 品种纯度测定

按品种标准图谱区别出图谱不同的异品种种子粒数，计算出品种纯度百分率。

谱带的观察最好在透射光的条件下进行。将真实性及品种纯度鉴定结果，按表 2-9-3-9 登记。

六、注意事项

为了使电泳工作顺利进行和效果更好，特别应注意下列问题。

①在提取样品醇溶蛋白过程中，在取种子时，不能取霉烂的、蛋白质已分解或变质的病粒，以免造成误检。同时夹碎每粒种子的程度或细度应基本一致，以保证各管样品提取蛋白质含量基本一致，种子含水量也应基本一致。种子越干燥，越易夹碎，那么，醇溶蛋白含量就多，反之则少，这样会影响谱带的出现或丢失，以及造成谱带浓淡程序的差异。

此外，每管所加入提取液的量也应基本一致。

②凝胶溶液必须保存在冰箱内近零度的温度下，并且存放时间不宜过长，否则会变质而失效。在封缝和灌分离胶时，从吸取胶液、加入过氧化氢溶液、混匀、灌胶直至插入样品梳等全部过程必须迅速，以免在灌胶前，胶液已开始聚合而失败，浪费灌胶和时间。

③加样数量应掌握好。一般为 10～20 μL，严防加样过多或过少。因为加样过多，则谱带相连续，难以分辨；加样过少，则有的谱带可能丢失，均难以保证电泳图谱的质量。

④电泳温度应保持在 15～20℃，当室内气温超过这一温度范围时，应放在冰箱内、空调室或接通自来水等措施冷却，以防蛋白变质而影响电泳图谱的质量。

⑤该标准电泳程序是利用 10%浓度的凝胶，胶板较脆，并且在快速聚合时，与玻板粘得较牢。因此在剥胶板时，应尽量小心，以防剥破表面而前功尽弃。

技能训练 5-9 加工与贮藏

一、训练目标

1. 依据种子物理特性和清选精选原理，能正确清选精选种子；
2. 掌握小麦种子安全贮藏技术。

二、训练材料与用具

小麦种子，各种筛子，种子清选精选设备，贮藏设备，台秤。

三、训练内容

(一)小麦种子加工

可根据种子形状、尺寸大小、种子比重、空气动力学特性、种子色泽和种子静电特性的差异等,进行清选和精选。

具体操作规程参见技能训练 2-10。

(二)小麦种子贮藏

1. 严格控制种子的入库水分

小麦种子贮藏期限的长短,取决于种子水分、温度及贮藏设备的防潮性能。经验证明,如小麦种子水分不超过 12%,温度在 20℃以下,贮藏 9 年,发芽率仍在 95%以上,且不生虫、不发霉;如果水分为 13%,种温为 30℃,则发芽率有所下降;水分在 14%~14.5%,种温升高到 23℃,若管理不善,发霉可能性很大;若水分为 16%,即使种温在 20℃,仍然会造成发霉。因此,小麦种子贮藏的关键是控制种子水分含量,一般种子水分应控制在 12%以下,种温不超过 25℃。

2. 热进仓杀虫

这是根据小麦耐热特性采用的贮藏方法,对杀虫和促进种子后熟作用有很好效果。具体做法为:小麦收获后,选择晴朗、高温天气,将小麦种子晒热到 50℃,延续一段时间(2 h 左右),使种子水分降至 12%以下,趁热迅速将种子入库堆放,并须覆盖麻袋 2~3 层密闭保温,种温保持在 44~47℃之间,经 7~10 d 之后掀掉覆盖物,进行通风散温直至达到与仓温相同为止,然后密闭贮藏,达到既杀死害虫,又不影响种子生活力的目的。

麦种容易吸湿从而引起生虫和霉变,如能采用密闭贮藏可防止吸湿回潮,延长贮藏期限。密闭贮藏要求种子水分控制在 12%以内才有效。超过 12%便会发芽,水分越高发芽越快。

3. 密闭压盖防虫贮藏

适用于数量较大的全仓种子储藏,对防治麦蛾有良好效果。具体做法是:先将种子堆表面耙平,后用麻袋 2~3 层或篾垫 2 层或干燥砻糠灰 10~17 cm 覆盖在上面,可起到防湿、防虫作用,尤其是砻糠灰有干燥作用,防虫效果更好。覆盖麻袋或篾垫要求做到“平整、严密、压实”。压盖后能使种子保持低温状态,防虫效果更佳。

四、作业

1. 结合生产要求对小麦种子进行清选和精选。
2. 按照操作规程进行贮藏实践。

参考文献

[1]史春余，孙学振．作物生产学实验．北京：化学工业出版社，2012.
[2]薛全义．作物生产综合训练．北京：中国农业大学出版社，2008.
[3]周显忠，梅四卫．种子生产技术综合实训指导．北京：化学工业出版社，2011.
[4]蔡明历．作物栽培学实验实习指导．华中农业大学教务处，2014.
[5]洪德林．作物育种学实验技术．北京：科学出版社，2010.
[6]官春云．作物育种学实验．北京：中国农业出版社，2006.
[7]谷茂，杜红．作物种子生产与管理．北京：中国农业出版社，2010.
[8]王新燕．种子质量检测技术．北京：中国农业大学出版社，2008.
[9]胡晋，王建成．种子检验技术．北京：中国农业大学出版社，2016.
[10]王孟宇，刘弘．作物遗传育种．北京：中国农业大学出版社，2009.
[11]李道品，张文英．作物遗传育种．北京：中国农业大学出版社，2016.